KB199246

HIDEKO'S TABLE

HIDEKO'S TABLE

히데코의 일본 요리

나카가와 히데코
지음

"살다 보면 어떤 요리는 확실한 존재감으로, 또 아련한 행복으로 마음과 혀에 남습니다.
요리는 우리 인생의 소중한 윤활유예요.
어디에 있든 요리를 할 수 있다면, 행복에 더 가까이 다가갈 수 있습니다."

— 나카가와 히데코

나카가와 히데코

서울 연희동에서 요리 교실 구르메 레브쿠헨(Gourmet Lebkuchen)을 운영하고 있다. 일본에서 태어나 유럽을 거쳐 한국에서 정착한 후 여전히 틈만 나면 전 세계를 여행하며 맛있는 음식과 술, 사람들을 만나고 그곳에서 얻은 아이디어를 요리 교실에서 풀어낸다. 귀화 한국인으로 얼마 전 한국 생활 30년을 맞이했으며, 한국 이름은 중천수자이다. 프렌치 셰프인 아버지와 플로리스트인 어머니의 예술적 감각을 접하며 성장한 바탕에, 각국의 음식 문화를 체험하고 이를 자신만의 스타일로 녹여내며 '히데코만의 음식 문화'를 만들어가고 있다.

그런 의미에서 구르메 레브쿠헨은 단순한 요리 수업을 넘어 요리와 문화를 공유하고 인생의 즐거움을 함께 나누는 따뜻한 모임이다. 앞으로도 음식 문화와 관련한 강의, 저서, 다양한 매체 활동을 이어가며 '키친 크리에이터'로서 삶을 즐길 예정이다. 저서로는 <TAPAS>, <지중해 요리>, <히데코의 사계절 술안주>, <히데코의 연희동 요리교실>, <히데코의 사적인 안주 교실> 등 여러 요리책과 <셰프의 딸>, <맛보다 이야기>, <나를 조금 바꾼다>, <아버지의 레시피>, <음식과 문장> 등의 에세이집이 있다.

A Letter from Hideko

한국에서 산 지 어느덧 30년이 되었습니다. 20대 후반에 시작한 서울 생활은 늘 바쁘고 열정 넘치던 나날이었어요. 학생으로, 대학 강사와 번역가로, 그리고 결혼과 육아, 학부모 역할까지 쉼 없이 이어오다 마흔에 들어서며 요리 교실을 시작하게 되었습니다. 한국이라는 땅에 나를 확실히 뿌리내리게 해준 바탕이자, 지금 내가 나답게 살아갈 수 있는 원동력이 바로 요리 교실입니다.

요리 교실을 시작한 후 '언젠가 내 이름으로 책을 출판하고 싶다'는 생각이 모락모락 피어올랐습니다. 벌써 10여 년도 더 된 일입니다. 가까이 사는 작가의 전시회에서 케이터링을 맡아 진행하던 중 우연히 출판 제안을 받았고, 첫 책 <셰프의 딸>을 출판하게 되었습니다. 그 후로는 해마다 한 권, 때로는 여러 권 책을 쓰고 있습니다. 주변 사람들이 종종 "왜 그렇게 열심히 책을 쓰는 거야?" "책을 통해 정체성을 찾는 거구나" 하며 신기해 합니다. 아마도 내 요리와 그 요리에서 피어난 생각을 널리 공유하고 싶은 마음, 또 그로부터 얻는 즐거움과 성취감이 나로 하여금 계속 글을 쓰라고 재촉하는 것일까요?

사실 5년 전, 일본 요리 책을 출판한 적이 있습니다. 하지만 초판 한정으로 발행되어 많은 독자들과 만나지 못하고 아쉽게 절판되었습니다. 이후 일본 요리 레시피 책을 다시 내달라는 감사한 요청이 이어졌고, 스스로도 언젠가 다시 책을 내고 싶다는 소망을 품어오다 이렇게 두 번째 일본 요리 책을 출판하게 되었습니다.

이번 요리책에는 꼭 어머니표 가정 요리를 담고 싶었어요. '남편이 프렌치 셰프'라는 자부심이 남다르셨던 어머니께서는 아버지의 영역을 존중하는 마음으로 집밥은 늘 일본 요리를 식탁에 올리셨죠. 어머니표 일본 요리는 정말 간단하고, 채소 등 재료의 맛을 최대한 살리는 것을 중시하셨습니다. 일본 요리를 특별히 배운 적이 없는 내게는 이런 어머니의 손맛이 일본 요리의 바탕이자 기초가 되었습니다. 가끔 어머니표 오이 절임이나 가지 미소 구이가 문득 먹고 싶다는 생각이 들면 따라 만들어보는데, 그 맛이 어머니 맛과 같다고 느껴질 때는 그렇게 신날 수가 없답니다. 그래서 다음 일본 요리 책은 비록 치매를 오래 앓고 계시지만 어머니께 자주 여쭤보며 정리해야겠다고 결심했습니다. 그러던 중 어머니 병세가 급격히 악화되었고, 결국 재작년 초겨울에 나의 곁을 떠나셨습니다.

우리 집에서 늘 해 먹는 일상적인 일본 요리는 내가 일본 본가에서 먹던 맛을 다양하게 시도해 보며 재현한 맛입니다. '우리 집 맛'은 맛있는 기억만 있으면 신기하게도 자연스럽게 만들어집니다. 그러니 일본에서 공수한 고급 식재료가 아니라 지금 이곳, 한국의 제철 재료, 냉장고 속 재료로 이리저리 조합해 만들면 일본의 맛을 살릴 수 있습니다. 눈앞의 식재료를 보고 그날의 감성에 따라, 먹고 싶은 대로 자유롭게 요리하면 됩니다.

일본 요리는 어쩐지 어렵다고 느끼는 분들이 일본 요리의 기본을 익히고 지금까지 한국의 이자카야나 스시집, 오마카세 요릿집 혹은 일본 여행에서 먹어본 요리를 집에서도 더 손쉽게, 더 자유롭게 만들어보셨으면 하는 바람으로 이 책을 썼습니다.

이 책에서 일본 요리의 비법을 익히고 나면 다른 문화권의 요리에서도 자신의 감성을 믿고 다양하게 변화를 주어보세요. 요리 교실에서 "실패하지 않으려면 어떻게 해야 하나요?" 하는 질문을 자주 받는데요, 그럴 때마다 "실패를 많이 해보세요"라고 대답합니다. '왜 실패했을까?' '그럼 다음에는 어떻게 하면 좋을까?' 스스로 생각해 보는 겁니다. 그러면 '아, 이렇게 하면 맛있겠구나!' 하고 아이디어가 떠올라요. 내가 여러분 나라의 요리를 시간과 정성을 들여 하나하나 손으로 익혀왔듯이 말이죠.

요리는 생활 속에서 소중한 윤활유가 되어줍니다. 어디에 있든 요리를 할 수 있다면 우리는 행복에 더 가까이 다가갈 수 있습니다.

Contents

계절을 담는 건강한 일본 요리, 함께 만들어볼까요?

일본에서는 일본 요리를 '와쇼쿠(和食)'라고 합니다. 각 지역에서 나는 제철 식재료의 맛을 심플하게 살리는 것이 특징입니다. 일본 요리를 설명할 때 자주 등장하는 단어가 '시키오리오리'인데, '사시사철'이라는 뜻입니다. 한국 요리에서도 자주 등장하는 표현이지요. 사계절 같은 기후와 풍토를 가진 일본과 한국은 공통되는 부분이 참 많습니다. 만드는 방법은 다르지만 두 나라 모두 된장, 간장, 다시(육수) 문화가 요리의 바탕을 이루고 있다는 점에서 유사합니다.

이 책 <히데코의 일본 요리>에서는 아주 친숙하면서도 다채로운 일본 요리 86가지를 소개합니다. 그 첫 장에서 일본 요리를 이해하는 데 중요한 특징들을 간략하게 정리했습니다.

제철 재료가 우선입니다.

일본 요리의 가장 큰 특징은 계절감이 넘치는 것입니다. 제철을 맞은 식재료는 1년 중 가장 맛이 좋고, 영양가가 높으며, 가격도 저렴합니다. 채소와 과일은 단맛과 향이 풍부하고, 생선은 살이 올라 맛이 농후합니다. 식재료 자체가 충분히 맛있어서, 조미료를 적게 쓰고 간단히 조리해도 훌륭한 맛을 낼 수 있습니다. 이렇게 장점이 많은 제철 재료를 사용하지 않을 이유가 없지요. 예로부터 계절별로 다양한 행사를 즐겨온 일본에서는 오늘날까지도 제철 식재료를 중시하는 식문화가 이어지고 있습니다. 매일 먹는 음식에서 계절을 느낄 수 있다면 마음이 한층 풍요로워질 거예요.

곁들임 재료로 계절을 느낍니다.

계절을 담는 일본 요리에서 빠뜨릴 수 없는 것이 주요리에 곁들이는 향신료와 양념, 아시라이입니다. 요리의 향을 풍성하게 해줄 뿐 아니라 모양과 색을 더해 요리를 입체적으로 만들어주죠. 같은 아시라이라도 자르는 방식에 따라 요리의 인상이 달라집니다. 대표적으로 파드득 나물, 양하, 청시소, 영귤, 유자, 초피나무 순, 생강, 국화, 호두 등이 있습니다.

줄여가는 요리입니다.

한국 요리가 식재료도, 맛도 '쌓아가는 요리'라면 일본 요리는 '줄여가는 요리'입니다. 재료는 한 가지에서 세 가지 정도만 사용하고 간장, 된장, 설탕, 미림, 소금, 술 등 기본 조미료도 서너

가지 정도만 조합해서 씁니다. 조미료와 재료의 종류가 많아지면 맛이 섞여 흐려진다고 생각하기 때문이에요. 재료와 조미료 수를 줄여 식재료 본연의 맛을 최대한 끌어내는 것이 일본 요리의 정석입니다.

일즙삼채, 오색오미를 따릅니다.

일본인의 일반적인 한 끼 식사 구성은 '일즙삼채(한 가지 국, 세 가지 나물)'입니다. 주식인 밥에 국과 세 가지 반찬을 조합한 건강 식단이죠. 균형 잡힌 영양 섭취를 위해서는 그중에도 '삼채'의 선택이 중요합니다. 기본 원칙은 고기, 생선, 달걀, 콩 등 단백질 반찬 한 가지와 녹황색 채소, 감자, 고구마, 해초, 버섯 등의 반찬 두 가지로 구성하는 것입니다. 더불어 한 요리에 다섯 가지 색(붉은색, 흰색, 초록색, 검은색, 노란색) 또는 간소하게 세 가지 색(붉은색, 흰색, 초록색)을 담고, 전체 상차림에 다섯 가지 맛(단맛, 짠맛, 신맛, 쓴맛, 매운맛)을 고루 넣어 구성하는 '오색오미'의 전통도 있습니다.

기본 중 기본은 다시입니다.

일본 요리에서 빠질 수 없는 것이 바로 다시입니다. 다시는 가다랑어포, 다시마, 멸치 등 다양한 재료와 방법으로 우려냅니다. 다시에는 글루타민산 등 음식의 풍미를 끌어올리는 성분이 포함되어 요리할 때 조미료를 덜 넣어도 깊은 맛을 낼 수 있고, 더불어 만드는 시간을 줄이는 효과도 있습니다. 이 책에서도 조림, 튀김, 국, 밥, 면 등 여러 가지 요리에 다시를 활용하고 있습니다. 다시 레시피는 본 요리 소개에 앞서 18페이지 'Hideko's Notes : 다시'에 정리했습니다.

기본 조미료

- 설탕은 주로 머스코바도 설탕을 사용했습니다. 다른 경우는 재료마다 표기했습니다. 레시피에 나오는 머스코바도 설탕을 백설탕으로 대체하고 싶다면 제시된 양보다 적게 넣어야 합니다.
- 소금은 국산 신안 천일염이나 일본산 카마시오(천일염을 쪄서 말린 소금), 영국 '말돈 소금'을 사용했습니다. 소금은 조리법이나 용도에 따라 굵기와 쓴맛, 단맛 등을 직접 맛보고 선택하는 것을 추천합니다.
- 간장은 국산 양조간장을, 어간장은 국산 어간장을 사용했습니다. 연한 간장은 일본 '기꼬만 생간장'을, 우스구치 간장은 일반적인 일본산 우스구치 쇼유를 사용했습니다.
- 된장은 한국에서도 쉽게 구할 수 있는 일본산 미소를 두루 사용했습니다. 시로 미소는 사이쿄 미소를, 아카 미소는 핫초 미소를, 미소는 사이쿄 미소나 핫초 미소 이외의 코우지 미소(쌀누룩 미소)를 사용했습니다. 미소는 다시나 조미료가 첨가되지 않은 무첨가 미소를 선택하는 것이 좋습니다.
- 식초는 쌀 식초를 사용했습니다. 다른 경우는 재료마다 표기했습니다.
- 미림은 일본산 혼미림을 사용했습니다.
- 술은 양조 알코올을 넣어 만드는 혼죠조 타입의 사케를 사용했습니다. 한국의 청주 '백화수복'도 괜찮지만, 확실한 맛을 내기 위해 저렴한 일본 사케를 사용하는 것을 추천합니다.
- 다시 중 가쓰오부시 다시는 이치방다시를 가리킵니다. 그 외의 다시는 재료마다 표기했습니다. 이치방다시를 비롯한 모든 다시 레시피는 다음 페이지 'Hideko's Notes : 다시'를 참고하세요.

☞ 기본 조미료에 대한 자세한 설명은 242페이지 'Appendix' 참고.

계량 단위

- 해산물과 육류는 '그램(g)'으로 표기했습니다.
- 채소는 '개수'를 기본으로, 정확한 계량이 필요한 경우 '그램(g)'을 함께 표기했습니다.
- 액체는 '밀리리터(ml)'와 '리터(L)'로, 양념은 '큰술'과 '작은술'로 표기했습니다.
- 1/4작은술 미만, 3g 미만은 '약간' 또는 '적당량'으로 표기했습니다.
- 계량컵의 1컵은 200ml이며 계량스푼의 1큰술은 15ml, 1작은술은 5ml 분량입니다.
- '1자밤'은 가루나 알갱이를 엄지와 검지로 한 번 집는 정도의 분량을 뜻합니다.
- 곁들임 재료는 기호에 따라 가감할 수 있으므로 분량을 표시하지 않았습니다.

다시

일본 요리 다시의 정석

일본 다시의 기본이 되는 이치방다시는 가다랑어포와 다시마를 우린 맑은 국물로, 재료의 맛과 향을 살리는 요리에 사용합니다. 이치방다시를 만들고 남은 재료를 활용하는 니방다시는 간장, 미림 등 양념이 첨가되는 진한 국물에 사용하지요. 이 책의 요리에 가장 많이 사용하는 가다랑어포 다시는 이치방다시 레시피로 만들었습니다. 그 외 사용한 다시의 만드는 법도 함께 소개합니다. 본 요리를 시작하기 전에 미리 만들어보세요. 완성된 다시는 냉장실에 보관하며 여름에는 2일간, 겨울에는 3일간 사용할 수 있습니다.

이치방다시

(재료) 물 1L, 다시마 10g, 가다랑어포(하나가쓰오) 10g

① 다시마를 끓였다 건진다 — 냄비에 물과 다시마를 넣고 약불에 30~40분간 끓인다. 물 온도를 60℃ 정도로 유지하며 팔팔 끓지 않도록 신경 쓴다. 물에 기포가 올라오며 끓기 전에 다시마를 뺀다. 다시마는 팔팔 끓이면 점액과 잡미가 생기므로 그전에 건져내야 한다.

② 식힘용 물을 더한다 — 다시마를 건져낸 다음 강불로 올리고 끓이며 거품(잡성분)을 걷어낸다. 물을 한 국자 정도 더해 다시 온도를 살짝 낮춰 90~95℃를 유지한다. 가다랑어포를 넣었을 때 가장 맛있게 우려지는 온도이니 유의한다.

③ 가다랑어포를 넣는다 — 가다랑어포를 넣고 젓가락으로 한 번 저은 후 30초 정도 지나 불을 끈다. 이때 다시 맛을 보고 맛이 연하면 그대로 잠시 더 두거나 약불로 살짝 국물 온도를 올린다. 떫은맛이 나오기 시작했다면 바로 걸러야 한다.

④ 거른다 — 두툼한 키친타월이나 면포를 체에 깔고 거른다. 이때 가다랑어포를 짜지 말 것. 가다랑어포를 짜면 떫은맛, 잡성분, 비린내가 나온다. 체를 두 개 겹치고 중간에 키친타월을 끼우면 거르는 도중에 키친타월이 말리지 않아 편하다.

간단 이치방다시

(재료) 끓는 물 500ml, 다시마 5g, 가다랑어포 5g

(만들기) 볼에 끓는 물을 붓고 다시마와 가다랑어포를 넣은 뒤 1분간 두었다 거른다.

간단 니방다시

(재료) 끓는 물 250ml, 이치방다시를 거르고 남은 다시마와 가다랑어포

(만들기) 볼에 이치방다시를 거르고 남은 다시마와 가다랑어포를 넣고, 끓는 물을 붓는다. 5분간 두었다 거른다.

물에 우리는 다시마와 케즈리부시 다시

(재료) 물 1L, 다시마 10g, 혼합 케즈리부시(가다랑어포와 다양한 생선포를 섞은 것) 10g

(만들기) 케즈리부시 다시 팩을 만들어 냉수통에 넣고 3시간 정도 우린 후 팩을 건져낸다. 여름에는 냉장실에 넣어 우리는 게 좋지만, 겨울에는 상온에서 우려도 괜찮다.

끓이는 다시마 다시

(재료) 물 1L, 다시마 15g

(만들기) 냄비에 물과 다시마를 넣고 중불로 60℃ 정도 온도를 유지하며 끓인다. 냄비 안쪽 면에 작은 거품이 붙기 시작하면 약불로 낮추고 1시간 더 끓인다. 불을 끄고 다시마를 건진다.

물에 우리는 다시마 다시

(재료) 물 1L, 다시마 40g

(만들기) 냉수통에 물, 다시마를 넣어 8~10시간 정도 우린 후 다시마를 건져낸다. 너무 오래 담가두면 다시마에서 점액이 나오니 최대 10시간 정도만 우린다. 여름에는 냉장실에 넣어 우리는 게 좋지만, 겨울에는 상온에서 우려도 괜찮다.

다시마와 잔멸치 다시

(재료) 물 1L, 다시마 15g, 잔멸치 15g

(만들기) 냉수통에 모든 재료를 넣고 냉장실에 넣어 우린다. 여름에는 하루, 그 외 계절에는 하루에서 이틀 정도 두었다가 걸러 사용한다.

요리에 따른 다시의 선택

- **다시마 + 가다랑어포 다시** — 대부분의 요리. 소금이나 간장으로 간한 국, 미소시루, 조림, 달걀말이 등.
- **멸치 다시** — 재료의 풍미가 약한 요리. 우동 쓰유, 조림, 미소시루, 뿌리채소 조림 등.
- **다시마 다시** — 재료의 풍미가 강한 요리 또는 어패류나 육류를 조릴 때. 어묵과 무 조림, 고기와 무 조림, 바지락 미소시루 등.
- **이치방다시** — 다시가 주인공인 요리 또는 풍미가 적은 재료에 맛을 더해줄 때. 소금이나 간장으로 간한 국, 고급 조림 등.
- **니방다시** — 미소시루, 조림, 다시 달걀말이 등.

Chapter 1

전채

前菜 젠사이

일본 요리에서 전채인 젠사이는 서양 요리의 애피타이저와 마찬가지로 메인 요리 전에 제공되는 간단한 요리를 말합니다. 프랑스 요리의 오르되브르, 이탈리아 요리의 안티파스토와 비슷하다고 할까요? 젠사이는 주로 와쇼쿠 전문점에서 코스의 첫 단계로 술과 함께 제공되는 간단한 요리이며, 사키즈케라고도 불립니다.

일반 가정에서도 메인이 되는 반찬을 내기 전 간단한 주전부리를 술과 함께 전채로 즐기는 경우가 많아요. 전채를 작은 접시에 담아 예쁜 술잔과 함께 쟁반에 올려 내면 손님을 급히 대접해야 할 때도 한결 여유를 가질 수 있고, 술을 마시지 않는 사람이나 아이들도 곁들임 반찬으로 즐길 수 있어 활용도가 높습니다. 전채는 잠시 마음의 여유를 갖게 해주는 시간이에요. 최근에는 요리 교실이나 집에서도 '일본 전채 요리를 어떻게 담아내면 좋을까?', '스페인의 타파스처럼 디자인하면 어떨까?' 하고 창작의 나래를 펼치고 있습니다.

고명과 양념을 얹은 냉두부

冷奴 히야얏코

그릇에 담긴 새하얀 두부를 바라보면, 히야얏코는 마치 사계절을 담아내는 캔버스 같다는 생각이 듭니다. 담백한 두부는 소금 간을 한 깔끔한 맛의 요리와 조합하면 술이 술술 넘어가는 안주가 됩니다. 특히 여름에는 간단한 반찬으로도 효과 만점이죠. 두부의 단단한 정도는 개인 취향에 따라 고르면 되고, 두부 위에 올리는 재료도 딱히 정해진 것이 없습니다. 다양한 재료와 양념의 조합이 무궁무진해 절대 질리지 않는 요리예요.

분량

3~4인분

재료

두부 2모(600~700g)

— 고명

명란 마요 : 명란젓 30g, 풋고추 1/2개, 마요네즈 1큰술

낫토 : 부추 30g, 낫토 1팩(45g), 연한 간장 1작은술, 참기름 약간

오이 프로슈토 : 오이 25g, 프로슈토 1~2장, 유즈코쇼 1작은술, 소금 약간

딜 : 딜(또는 선호하는 생허브 잎) 5g, 올리브유 1큰술, 소금 1/4작은술

대파 : 대파 흰 부분 20g, 들기름 1큰술, 소금 1/4작은술, 초피 가루 약간

☞ 유즈코쇼 만드는 방법은 'Hideko's Notes : 전채' 중 '재료 알아가기' 참고

만들기

1. 두부는 물기를 빼고 9등분한다.
2. 명란 마요 : 명란젓은 껍질을 가르고 칼등으로 긁어 알을 발라낸다. 풋고추는 씨를 제거하고 잘게 다진다. 재료를 모두 볼에 담고 마요네즈와 섞는다.
3. 낫토 : 부추는 데쳐서 물기를 빼고 굵게 다진다. 낫토는 작은 볼에 담고 같이 포장된 겨자만 넣어 젓가락으로 한 방향으로 계속 섞는다. 색이 하얗게 변하고 끈적해지면 다진 부추, 연한 간장, 참기름을 더해 섞는다.
4. 오이 프로슈토 : 오이는 얇게 채 썰어 소금에 절인 뒤 물기를 뺀다. 프로슈토도 얇게 채 썬다. 9등분한 두부 위에 채 썬 프로슈토, 오이 순으로 올리고 유즈코쇼를 얹는다.
5. 딜 : 딜은 굵게 다지고 나머지 재료와 섞는다.
6. 대파 : 대파는 잘게 다지고 찬물에 5분 정도 담갔다 물기를 뺀다. 작은 볼에 넣고 나머지 재료와 같이 섞는다.
7. 9등분한 두부에 고명과 양념을 올린다.

마를 올린 참치회

マグロの山かけ 마구로노야마카케

어린 시절에 저녁 식탁에 참치회가 올라오면 한껏 부풀었던 기대가 순식간에 식어버리곤 했습니다. 어쩐 일인지 참치회는 아직까지도 입맛에 맞지 않네요. 하지만 부드럽게 간 마를 참치 위에 올려 먹으면 참치 특유의 비릿함이 사라져 어느새 입안으로 쏙 들어옵니다.

분량

2인분

재료

참치 횟감 100g, 마 50g

— 고명

채 썬 시소 약간

— 곁들임

와사비, 간장

만들기

1. 참치 횟감은 1cm 두께로 도톰하게 자르고, 젓가락으로 집기 좋게 다시 가로로 반 자른다.
2. 마는 껍질을 두껍게 벗겨 강판에 간다.
3. 그릇에 참치회를 담고 간 마를 뿌린다.
4. 마 위에 채 썬 시소, 와사비를 올린 다음 간장을 살짝 뿌린다.

전갱이 초절임 샤인머스캣 샐러드

酢漬けのアジ,ぶどうのサラダ 스즈케노아지,부도우노사라다

대부분 회로 접했을 법한 고등어 초절임인 시메사바. 고등어에 소금을 뿌려 재워두었다가 식초에 절이는 요리인데, 이번에는 같은 조리법으로 전갱이를 사용했습니다. 여기에 샤인머스캣과 적양파, 허브로 샐러드를 만들어 올리면 간단한 손님 접대 요리로도, 훌륭한 술안주로도 손색없이 제 역할을 톡톡히 해냅니다. 시판 고등어 초절임을 활용하면 더욱 간편하게 준비할 수 있어요.

분량

3~4인분

재료

전갱이 횟감 300g, 소금·올리브유 적당량, 허브(딜 또는 처빌) 약간

— 양념

초절임 : 소금 2큰술, 영귤즙 1/2개 분량, 쌀 식초 적당량

— 샐러드

적양파 : 적양파 1/2개(100g), 셰리 식초(또는 레드 와인 식초) 2큰술, 소금 1/2작은술, 설탕 1작은술, 후춧가루 적당량

샤인머스캣 : 샤인머스캣 10알, 화이트 발사믹 식초 1큰술, 어간장 1/2작은술

☞ 재료에서 전갱이 횟감은 전어나 고등어로, 영귤즙은 레몬즙이나 라임즙으로 대체할 수 있다.

만들기

1. 전갱이 횟감은 소금을 넉넉히 깐 사각 트레이에 껍질이 아래로 가도록 놓고, 생선이 완전히 덮이도록 소금을 뿌린다. 랩으로 덮어 냉장실에 20분 정도 둔다.
2. 전갱이를 꺼내 소금기를 씻어내고 키친타월로 감싸 물기를 제거한다.
3. 전갱이를 사각 트레이에 가지런히 담고 생선살이 모두 잠길 정도로 쌀 식초를 부은 다음 소금, 영귤즙을 넣어 약 5분간 재운다.
4. 생선살의 표면이 하얘지면 꺼내어 물기를 닦아 먹기 좋은 두께로 자른다.
5. 적양파는 잘게 다져 나머지 재료와 섞는다.
6. 샤인머스캣은 껍질째 가로로 반 잘라 나머지 재료와 섞는다.
7. 그릇에 4의 전갱이 초절임을 담고 섞어둔 적양파와 샤인머스캣을 고루 얹는다.
8. 올리브유를 뿌리고 허브를 올려 마무리한다.

광어회 다시마 절임

ヒラメの昆布締め 히라메노코부지메

소금으로 미리 재운 광어를 식초로 손질한 다시마에 감싸면 광어에 다시마의 풍미가 듬뿍 스며듭니다. 이렇게 다시마로 숙성한 광어는 최대 3일간 두고 먹을 수 있지만, 절인 지 3시간 후가 가장 맛이 좋습니다. 시간이 오래 지나면 다시마 맛이 강해져 광어의 섬세한 맛을 해칠 수 있거든요. 광어 대신 제철 흰 살 생선을 사용해도 좋아요. 다시 간장을 만들어 곁들이면 더욱 깔끔한 맛을 즐길 수 있습니다.

분량

4인분

재료

광어 횟감(등쪽 살) 160~200g, 소금 1작은술, 다시마 2장(5×24cm 크기), 식초 적당량

— 소스

다시 간장 : 가다랑어포 다시 1큰술, 연한 간장 1작은술, 유자즙 1작은술, 와사비 1작은술

— 곁들임

데친 열무 줄기·래디시 적당량

☞ 재료에서 광어 횟감은 도미, 도다리, 농어, 우럭 등 제철 흰 살 생선으로 대체할 수 있다.

만들기

1. 광어 횟감에 소금을 뿌리고 냉장실에 30분간 넣어둔다.
2. 다시마 표면의 이물질을 떼고 식초를 살짝 묻힌 키친타월로 한쪽 면을 닦는다. 이렇게 하면 다시마의 풍미가 광어에 잘 배어든다.
3. 광어를 꺼내 볼에 넣고 식초를 뿌려서 소금기를 씻은 다음 키친타월로 감싸 물기를 제거한다.
4. 다시마의 식초로 닦은 면 위에 광어를 놓고 잘 감싼 후 랩으로 한 번 더 싼다. 접시 2~3장이나 누름돌을 올려 냉장실에 3시간 넣어둔다.
5. 광어를 꺼내 어슷하게 썬다.
6. 다시 간장 재료를 섞는다.
7. 광어를 감쌌던 다시마를 그릇 크기에 맞게 잘라 깔고 가운데에 광어 1점을 접어서 놓는다. 그 위로 광어를 1점씩 겹쳐 봉긋하게 담은 다음 6의 다시 간장을 뿌린다.
8. 열무는 줄기 부분을 데쳐 5cm 길이로 자르고 래디시는 슬라이스해 곁들인다.

참깨 묵

ごま豆腐 고마도후

절구로 곱게 간 볶은 참깨에 칡 전분을 더해 굳혀 만드는 참깨 묵, 고마도후. 단품으로 낼 때는 다시 국물로 만든 소스를 살짝 뿌리고 와사비를 곁들입니다. 검은깨로 만들면 색감과 풍미가 완전히 달라져 또 다른 매력을 느낄 수 있어요. 한국에서 묵이 다양한 재료로 만들어지는 것처럼 고마도후 역시 여러 재료로 변주가 가능한 요리입니다. 같은 형태의 요리도 식문화와 재료에 따라 맛이 달라지는 점이 참 흥미롭습니다.

분량

가로 15×세로 13×높이 5cm 사각 틀 1개(6조각)

재료

볶은 참깨 65g, 칡 전분 70g, 다시마 다시 400ml, 물 200ml, 와사비 적당량, 소금 약간

— 소스

가다랑어포 다시 150ml, 연한 간장 2큰술, 미림 1작은술

☞ 재료에서 칡 전분은 옥수수 전분, 타피오카 전분, 젤라틴 가루, 한천 가루로 대체할 수 있다.

만들기

1. 볶은 참깨는 절구나 푸드 프로세서에 곱게 간다.
2. 작은 냄비에 소스 재료를 넣고 한소끔 끓여 식힌다.
3. 볼에 칡 전분을 담고 1의 간 참깨와 다시, 물, 소금을 섞는다.
4. 틀은 미리 물에 적셔둔다.
5. 3을 체에 걸러 냄비에 붓고 눌어붙지 않게 저으며 중약불에서 걸죽해질 때까지 끓인다. 약불로 줄여 15분 정도 저어 되직한 상태가 되면 틀에 붓는다. 틀을 바닥에 가볍게 내리쳐 묵 안의 공기를 뺀다.
6. 묵 틀 위에 물기를 짠 행주를 덮고, 틀 아래에 얼음물 그릇을 받쳐 묵을 굳힌다. 굳으면 틀에서 빼 6등분으로 자른다.
7. 그릇에 담고 2의 소스를 뿌린 다음 와사비를 얹는다.

1

간장 드레싱 카르파초

醤油ドレッシングのカルパッチョ 쇼유도렛싱구노카루팟초

한국에서는 회를 보통 와사비와 간장, 초고추장에 찍어 먹거나 씻은 묵은지를 올려 먹지요. 이번 레시피는 이탈리아의 날생선 요리인 카르파초를 응용했습니다. 횟감을 얇게 썬 뒤, 생강을 넣어 포인트를 준 간장 드레싱을 뿌렸어요. 이탈리아식 카르파초가 순식간에 일본풍 요리로 변신했습니다.

분량

3~4인분

재료

흰 살 생선 횟감 200g, 햇양파 1개(150g), 고수·후춧가루 적당량

— 드레싱

화이트 발사믹 식초 4큰술, 회 간장 2작은술, 올리브유 2큰술, 다진 마늘 1/2작은술, 다진 생강 1작은술, 소금 약간

만들기

1. 생선 횟감은 얇게 썬다.
2. 햇양파는 결대로 채 썰어 냉장실에 잠시 넣어둔다.
3. 고수는 줄기까지 굵게 다진다. 기호에 따라 고수 잎만 고명으로 올려도 괜찮다.
4. 볼에 드레싱 재료를 넣고 섞는다.
5. 그릇에 회를 깔고 양파, 고수 순서로 올린 다음 드레싱을 뿌리고 후춧가루로 마무리한다.

온천 달걀

温泉卵 온센타마고

온천 물이나 증기로 달걀을 익히는 데서 유래한 온센타마고는 노른자는 반숙, 흰자는 반응고 상태가 되도록 삶은 달걀입니다. '65℃로 20분'이라는 규칙만 잘 지키면 절대 실패할 일이 없어요. 요리용 온도계가 있으면 더욱 편리하지요. 차가운 온천 달걀에 핫포 다시를 뿌려 호로록 술안주로 즐기거나, 따뜻한 밥에 온천 달걀을 하나 올려 간장과 간 생강을 뿌려 먹으면 별미로 손색이 없어요.

분량

4개

재료

달걀 4개, 물 1L

— 소스

핫포 다시 : 가다랑어포 다시 160ml, 미림 2큰술, 연한 간장 2큰술, 소금 약간

만들기

1. 달걀은 30분에서 1시간 정도 상온에 두어 냉기를 제거한다.
2. 핫포 다시 재료를 냄비에 넣고 한소끔 끓인 다음 식혀 냉장실에 넣는다.
3. 다른 냄비에 상온의 달걀과 물을 넣고 중불에서 65℃를 지키며 20분간 삶는다. 다 삶아지면 꺼내 차가운 물로 식힌다.
4. 온천 달걀을 조심스럽게 깨서 그릇에 담고 2의 핫포 다시를 뿌린다.

전채

일본 요리 전채의 정석

(첫째) **짠맛과 신맛으로 포인트** — 전채 요리는 짠맛과 신맛으로 식욕을 북돋우고, 술을 더 맛있게 즐길 수 있도록 도와줍니다. 평소 다양한 소금과 식초, 올리브유, 소스, 페스토 등을 준비해 두면 손쉽게 만들 수 있어요. 시판 제품을 활용해도 괜찮습니다.

(둘째) **바다 재료와 제철 채소를 조화롭게** — 일본의 가이세키 요리에서는 전채로 회를 냅니다. 일반 가정에서도 저녁 식사로 조림이나 구이를 먹기 전에 회를 자주 즐기지요. 흰살 생선 다시마 절임이나 고등어 초절임 같은 바다 재료와 제철 채소를 함께 조리해 곁들여보세요. 자연의 풍미를 살리면서도 식사의 시작을 상쾌하게 열 수 있습니다.

(셋째) **창의력을 살려서 퓨전 스타일로** — 횟감이나 제철 채소에 어울릴 만한 조합을 마음껏 상상해 보세요. 두부, 콩, 멸치, 명란젓, 온천 달걀, 해조류, 낫토는 물론이고 꽁치, 고등어, 스팸 같은 다양한 통조림, 어묵 등의 가공식품, 편의점의 즉석식품도 활용할 수 있어요. 한국 나물이나 김치, 장아찌도 가능합니다.

(넷째) **플레이팅에 재미를** — 즐거운 플레이팅을 시도해 보세요. 도자기 그릇은 물론이고 와인 잔이나 세련된 미니 접시도 재미있습니다. 쟁반에 작은 접시와 술잔을 먼저 올려보고, 그릇에 어울리는 메뉴를 이어서 생각해 보는 것도 즐겁지요.

재료 썰기의 기초

○ **먹기 좋은 크기로** — 요리의 완성된 모습, 담아낼 그릇의 크기, 젓가락이나 포크 등 사용할 도구를 고려하고 먹는 사람과 상황을 배려해서 잘라주세요.

○ **같은 시간에 익도록** — 여러 종류의 채소를 같이 조리할 경우, 익는 데 오래 걸리는 단단한 채소는 작고 얇게 썰고, 금방 익는 잎채소는 큼직하게 썰어주세요.

○ **채소의 상태에 맞춰** — 수분량이 많은 채소나 껍질째 요리하는 경우 등 채소의 상태에 따라 써는 방법을 달리해 주세요.

○ **잘 드는 칼로** — 자른 단면이 울퉁불퉁하면 재료의 섬유소가 부서지며 요리에 잡맛이 생길 수 있으니 잘 드는 칼로 깔끔하게 잘라주세요.

☞ **생선 맛을 살리는 회 썰기**

생선은 칼로 썰 때 공기에 노출, 산화되므로 빠르게 썰어 바로 먹어야 가장 맛있습니다. 단백질과 지방질이 풍부한 참치, 방어 같은 생선은 '평 썰기(히라즈쿠리)', '큼직

썰기(부츠기리)'로 두툼하게 썰어 부드러운 육질을 살립니다. 지방이 적고 콜라겐이 많은 도미, 농어, 광어 같은 생선은 칼을 눕혀 평편하게 써는 '베어 썰기(소기키리)'로 탄력 있는 식감을 살립니다. 횟감을 두툼하게 썰 때는 횟감의 오른쪽에서 수직으로 칼날을 넣습니다. 그리고 칼 무게를 이용해 당기듯이 단번에 자릅니다. 생선을 포를 뜨듯 썰 때는 횟감을 비스듬히 놓고 왼쪽 끝에서부터 칼질을 시작합니다. 칼날을 왼쪽으로 눕힌 채 깎아내듯 당기면서 썰고, 썰어낸 조각은 왼손으로 잡아 옮깁니다.

재료 알아가기

두부 | 豆腐 토후

두부 전문가인 두부 마이스터가 있을 정도로 일본 식생활에서 빠질 수 없는 재료, 두부. 가장 대중적인 두부는 모멘 두부로, 한국 두부와 거의 동일합니다. 냉두부, 샐러드, 국 재료로 많이 사용하는 기누고시 두부는 두유를 굳힌 것으로, 식감이 탱글탱글하고 매끈합니다. 한국의 순두부처럼 몽글몽글한 요세 두부도 있어요. 그 외 유부인 아부라아게, 비지인 오카라, 냉동 건조 두부인 고야 두부, 두유를 가열했을 때 만들어지는 막을 걷어서 만든 유바, 두부면 등 다양한 두부 가공품이 출시되어 친숙하게 쓰입니다.

청유자 | 青柚子 아오유즈

일본 요리에서 유자는 꽃까지 요리에 사용할 정도로 아주 친숙하고 활용도가 높습니다. 청유자가 수확되는 8월 말부터 10월 사이에 청유자 껍질을 청양고추, 소금과 함께 갈아 유즈코쇼를 만듭니다. 원래는 규슈 오이타현의 향토 조미료였지만 지금은 아주 대중적인 양념이에요. 제철에 만든 유즈코쇼는 냉장 보관하면 1년간 쓸 수 있습니다. 청유자가 겨울에 노란색으로 익으면 같은 방법으로 홍고추나 풋고추를 넣고 만들어도 맛있습니다.

유즈코쇼 만들기

(재료) 청유자 10개(1kg), 청양고추 15개(200~250g), 소금 1~2큰술

① 청유자와 청양고추는 깨끗이 씻어서 물기를 뺀다.
② 청유자는 껍질 부분만 갈아 제스트를 만들고, 청양고추는 씨를 빼고 작게 다진다.
③ 푸드 프로세서에 청유자 제스트와 다진 고추, 소금을 넣고 원하는 입자 크기로 간다.
④ 팔팔 끓인 물로 소독한 보관 용기에 담고 냉장실에서 1주일 정도 숙성 후 먹는다.

도구 살펴보기

절구와 절굿공이 | すり鉢とすりこぎ 스리바치토스리코기

깨는 갈 때 산화가 진행되므로 사용할 때마다 적당량을 갈아 쓰는 것이 맛의 비결입니다. 따라서 재료의 향과 맛 손실을 최소화하고, 갈린 정도를 바로 확인할 수 있는 절구와 절굿공이를 사용하는 것이 좋아요. 절굿공이의 길이는 절구의 지름에 맞춰 고르세요. 절구 테두리를 따라 마를 돌려가며 힘있게 갈거나 삶은 감자, 생선살을 으깨는 데도 유용합니다.

Chapter
2

무침과 나물, 샐러드

和え物 아에모노

일본 식탁에서도 무침은 빼놓을 수 없는 반찬입니다. 어머니께서 부엌을 도맡으셨을 때는 거의 매일 저녁에 무침이며 나물이 식탁에 올라왔습니다. 사춘기 시절의 나는 흰밥, 미소시루, 구운 생선 정도만 입맛에 맞았기에 어머니께 "반찬이 이게 다야?" 하고 투정을 부리곤 했어요. 그러나 일본을 떠나온 세월이 일본에서 살았던 시간보다 길어진 지금, 일본 요리의 담백한 다시와 간장, 미소, 은은한 단맛이 몸에 스며들면 무어라 말로 표현하기 어려운 안도감을 느낍니다. 그래서 예전보다 더 자주 간결한 일본 식탁을 차리게 됩니다.

일본 요리의 무침은 계절 채소와 다양한 발효 조미료를 섞어 간단하게 맛을 낼 수 있습니다. 여러 양념으로 무침 요리를 만드는 아에모노는 다시와 간장, 소금만으로 맛을 낸 국물에 자작하게 담가서 만드는 오히타시부터 조미료와 다시를 섞은 식초로 무치는 스노모노까지 아우르고 있지요. 만드는 방법은 한국 나물 요리와 비슷하지만 참기름 같은 기름을 거의 사용하지 않는다는 점에서 건강한 샐러드라 할 수 있겠어요. 계절의 맛을 풍성하게 담아내는 식탁 위의 훌륭한 조연, 일본 요리의 아에모노를 소개합니다.

주꾸미 쪽파 미소 무침

イイダコとわけぎのぬた 이이다코토와케기노누타

일본의 대표 반찬 중 하나. 쪽파나 연한 대파를 살짝 데쳐 해물과 같이 미소 소스인 누타에 무치거나 찍어 먹습니다. 누타는 교토산 시로 미소 즉 사이쿄 미소에 청주 등을 섞은 양념인 미소다레가 주재료예요. 쌀누룩을 듬뿍 넣은 고급스러운 단맛과 저염이 특징인 시로 미소 덕분에 맛이 아주 부드럽고 순합니다. 대체 재료로 한국 쌀누룩 된장을 사용해도 좋습니다.

분량

4인분

재료

주꾸미 4마리(100g), 굵은소금 1줌, 청주 1작은술, 쪽파 100g

— 양념

미소다레 : 사이쿄 미소(또는 한국 쌀누룩 된장) 200g, 달걀노른자 1개, 설탕 3큰술, 미림 2큰술, 청주 2큰술, 다진 생강 1작은술, 물 90ml

누타 : 미소다레 50g, 쌀 식초 1/2큰술, 연겨자 1/2작은술

☞ 재료에서 주꾸미는 오징어, 한치, 낙지, 가리비 등으로 대체할 수 있다.

만들기

1. 냄비에 미소다레 재료를 섞은 뒤 약불에서 3분간 저으며 끓인다. 매끄러운 질감이 나면 불을 끄고 식힌다.
2. 볼에 미소다레 50g을 비롯한 누타 재료를 모두 넣고 섞는다. 남은 미소다레는 냉장 보관하면 2주일 정도 두고 쓸 수 있다.
3. 주꾸미는 눈과 내장을 제거한 후 굵은소금을 뿌려 세게 주물러 씻는다.
4. 끓는 물에 청주를 넣고 주꾸미를 5분 정도 데친 다음 먹기 편한 크기로 자른다. 이때 너무 작게 자르지 않도록 한다.
5. 끓는 물에 쪽파를 흰 뿌리 부분부터 넣어 익히다가 잎 부분까지 완전히 넣은 후 바로 건져내 차가운 물에 식힌다. 물기를 빼고 5cm 길이로 자른다.
6. 2의 누타에 주꾸미와 쪽파를 넣고 섞는다.
7. 접시에 소복하게 담는다.

브로콜리 흑임자 무침

ブロッコリーの黒ごまあえ 브로코리노쿠로고마아에

일본에서 살 때 무침 요리를 싫어했던 내가 유럽에서 자취 생활을 시작하면서 무심결에 생각난 요리가 바로 흑임자 무침입니다. 고소한 흑임자를 절구에 갈아 기본 조미료를 더해 재료를 무치는 요리로, 보통 초록색 채소를 사용해요. 초록색과 검은색의 조화가 정말 절묘합니다. 참깨나 호두 같은 견과류를 갈아서 무쳐도 맛있습니다.

분량

2인분

재료

브로콜리 1/2개(150g), 소금 1작은술

— 양념

볶은 흑임자 3큰술,
가다랑어포(또는 다시마) 다시
2큰술, 간장 2작은술, 머스코바도
설탕 1작은술

만들기

1. 브로콜리는 다발과 줄기를 칼로 잘라 분리한다. 줄기는 흰 부분이 나오도록 껍질을 두껍게 벗기고 6~7mm 두께로 어슷하게 썬다. 다발은 한입 크기로 자른다.
2. 끓는 물에 소금을 넣고 브로콜리를 2분 정도 데친 다음 건져서 식힌다.
3. 볶은 흑임자는 절구에 간다.
4. 볼에 간 흑임자와 나머지 양념 재료를 섞은 후 데친 브로콜리를 넣어 버무린다.
5. 오목한 그릇에 담아낸다.

두부 참깨 무침

白あえ 시라아에

부드러운 두부를 절구에 으깬 뒤 곱게 간 참깨 가루나 참깨 페이스트, 조미료를 더해 데친 채소와 함께 무치는 반찬입니다. 두부의 맛을 살리기 위해 간은 연하게 합니다. 일반 두부는 단단해서 물기를 빼기 좋고, 고농도 두유를 굳혀 만든 기누고시 두부는 물기를 뺄 때 조심해야 하지만 식감이 아주 부드럽습니다. 다양한 재료를 무치는 게 번거로울 때는 산나물, 브로콜리, 강낭콩, 무화과 등 한 가지 재료만 사용해도 괜찮습니다.

분량

2인분

재료

당근 10g, 표고버섯 1개, 시금치 2포기(또는 미나리 줄기 50g), 간장 2작은술, 참깨 적당량

— 양념

시라아에 : 부드러운 두부 100g, 참깨 페이스트 1큰술(또는 절구에 간 참깨 30g), 머스코바도 설탕 2작은술, 소금 적당량

만들기

1. 두부는 키친타월이나 깨끗한 행주로 감싼 뒤 묵직한 접시 등을 얹어 두께가 반이 될 때까지 물기를 뺀다.
2. 당근은 얇게 채 썰고, 표고버섯은 기둥을 떼고 얇게 슬라이스한다.
3. 시금치는 데쳐서 물기를 빼고 3cm 길이로 자른다. 당근과 표고버섯도 끓는 물에 3분간 데쳐 물기를 뺀다.
4. 볼에 시금치와 당근을 담고 간장을 넣어 버무린다.
5. 다른 볼이나 절구에 두부를 으깨고 나머지 시라아에 재료를 잘 섞은 다음 표고버섯, 시금치, 당근을 모두 넣어 버무린다.
6. 그릇에 담아 참깨를 뿌린다.

열무 다시 무침

大根の若菜のおひたし 다이콘노와카나노오히타시

양념장에 기름을 더해 무치는 한국 나물과 달리, 일본에서는 다시에 양념을 더한 국물인 히타시지에 데친 채소를 담가 맛이 배어들게 합니다. 이렇듯 국도 아니고 무침도 아닌 오히타시는 일본 요리를 대표하는 반찬 중 하나예요. 시금치와 아스파라거스, 오크라, 브로콜리, 방울양배추 등 제철의 초록 채소를 활용해 보세요.

분량

4인분

재료

바지락 400g, 해감용 소금물(물 1L+소금 2큰술), 열무 4포기(200g), 청주 100ml, 연한 간장 1큰술

— 양념 국물

히타시지 : 가다랑어포 다시 200ml, 국간장 1큰술, 연겨자 1작은술, 바지락 국물 적당량

☞ 재료에서 열무는 시금치, 참나물, 봄나물 등 초록 채소로, 연한 간장은 우스구치 간장 1큰술, 소금 1/4작은술로 대체할 수 있다.

만들기

1. 바지락은 씻어서 해감용 소금물에 담가 은박지를 덮어 30분 이상 둔다. 해감 후 한 번 더 깨끗하게 씻는다.
2. 열무는 뿌리 부분을 자르고 깨끗이 씻은 후 5cm 길이로 자른다.
3. 끓는 물에 열무를 데쳐 얼음물에 식히고 물기를 뺀다.
4. 냄비에 해감한 바지락과 청주, 간장을 넣고 바지락 입이 열릴 때까지 익힌다. 다 익으면 그대로 식힌다.
5. 바지락을 건져 살만 분리한다. 바지락 국물은 양념용으로 남겨둔다.
6. 바지락 국물에 나머지 히타시지 재료를 섞는다. 싱거우면 소금이나 간장을 더한다.
7. 6의 히타시지에 데친 열무를 담가 냉장실에서 2시간 정도 재운다.
8. 그릇에 열무와 바지락 살, 히타시지를 같이 담는다.

문어 마 오이 초무침

タコと長いもときゅうりの酢の物 타코토나가이모토큐우리노스노모노

일본 요리에서는 붉은색, 흰색, 초록색, 검은색, 노란색의 오색을 조화롭게 한 그릇에 담는 것을 중시합니다. 만약 오색을 갖추기 어려우면 붉은색, 흰색, 초록색의 삼색으로도 충분히 아름답게 차릴 수 있어요. 문어의 붉은색, 마의 흰색, 오이의 초록색이 어우러져 보기에 산뜻하고, 각기 다른 식감을 선사하는 이 초무침은 생강즙으로 맛에 포인트를 주었습니다. 일본 요리에는 생강이 고명이나 양념으로 자주 등장하죠. 한국 요리에는 마늘, 일본 요리에는 생강이 많이 쓰이는데 두 나라 식문화의 차이를 한눈에 보여주는 특징입니다.

분량

4인분

재료

삶은 문어 다리 150g, 오이 1/2개(100g), 마 120g, 생강즙 1작은술, 소금 약간

— 양념

연한 간장 4작은술, 미림 4작은술, 쌀 식초 4작은술

— 고명

생강 적당량

만들기

1. 삶은 문어 다리는 5mm 두께로 포를 뜨듯 얇게 썰고, 오이는 얇게 반달 모양으로 잘라 소금에 절인다. 마도 오이와 비슷하게 자른다.
2. 고명용 생강은 가늘게 채 썰어 물에 담가둔다.
3. 볼에 양념 재료와 생강즙을 섞고 먹기 직전에 문어, 오이, 마를 넣어 버무린다.
4. 그릇에 담아 채 썬 생강을 올린다.

조개 주꾸미 스미소 무침

貝とイイダコの酢味噌和え 카이토이이다코노스미소아에

시로 미소를 사용하는 누타와는 또 다른 맛을 지닌 소스인 스미소. 일본에서는 봄이 오면 산초나무(한국의 초피나무)의 새순을 절구에 갈아 입맛에 맞게 미소와 식초로 맛을 내어 스미소아에를 즐겨 만듭니다. 이 레시피에서는 시기상 초피 순을 구하지 못해 초피 열매로 대체했습니다. 봄의 바다와 산에서 온 보석 같은 식재료와 초피 순을 스미소 소스에 버무려보세요.

분량

4인분

재료

모시조개 800g(또는 바지락 600g), 해감용 소금물(물 1L+소금 2큰술), 청주 100ml, 주꾸미 4마리(100g), 풋콩(에다마메) 1컵, 두릅 또는 아스파라거스 6개, 방울토마토 8개, 소금 적당량

— 양념

초피 스미소 : 초피 열매 1큰술, 미소 4큰술, 쌀 식초 3큰술, 머스코바도 설탕 2큰술, 다시마 다시 1큰술

☞ 재료에서 풋콩은 완두콩, 강낭콩 또는 말린 콩을 불린 것으로 대체할 수 있다.

☞ 초피 열매 손질 방법은 'Hideko's Notes : 무침과 나물, 샐러드' 중 '재료 알아가기' 참고.

만들기

1. 모시조개는 씻어서 해감용 소금물에 담가 은박지를 덮어 30분 이상 둔다. 해감 후 한 번 더 깨끗하게 씻는다.
2. 냄비에 해감한 모시조개와 청주, 소금을 약간 넣고 입이 열릴 때까지 찐다. 다 익으면 그대로 식혀 조갯살만 분리한다.
3. 주꾸미는 내장, 항문, 입을 제거하고 끓는 물에 넣었다가 색이 하얗게 변하면 건져낸다. 바로 얼음물에 식혀 먹기 좋은 크기로 자른다.
4. 끓는 물에 소금 1작은술을 넣고 풋콩을 2분간 데친 다음 차가운 물에 담가둔다. 같은 냄비에 손질한 두릅을 넣어 1분간 데치고 건져내 그대로 식힌다.
5. 방울토마토는 꼭지를 떼고 세로로 반 자른다.
6. 초피 열매는 잘게 다져서 볼에 넣고 나머지 초피 스미소 재료와 섞는다.
7. 6의 초피 스미소에 조갯살, 주꾸미, 풋콩, 두릅, 방울토마토를 넣어 버무린 후 그릇에 담는다.

무 우메보시 무침

大根の梅あえ 다이콘노우메아에

일본 영화나 드라마에서 일본식 매실 장아찌인 우메보시를 통째로 입에 쏙 넣는 장면을 종종 볼 수 있습니다. 하지만 실제로는 우메보시를 조미료로 많이 사용해요. 추천하는 활용법은 잘게 썰어 제철 재료와 무치는 것! 제철 무를 다진 우메보시로 무치면 만능 밑반찬이 된답니다. 여기에 얇게 깎은 다시마 가공품인 토로로 콤부나 다시마 분말에 맛소금 등으로 조미한 차인 콤부차를 고명으로 올리면 단맛과 감칠맛이 한층 더해집니다.

분량

2인분

재료

무 100g, 우메보시 1개

— 고명

토로로 콤부 또는 콤부차 적당량

만들기

1. 무는 껍질을 벗기고 슬라이서로 가능한 한 얇게 썰어 볼에 담는다.
2. 우메보시는 씨를 제거하고 칼로 곱게 다진다.
3. 1의 무에 다진 우메보시를 버무린다.
4. 무에 살짝 물이 생기면 그릇에 담아 고명을 올린다.

생강 드레싱 토마토 샐러드

生姜風味のトマトサラダ 쇼가후미노토마토사라다

평소 먹던 나물을 색다르게 토마토로 무쳐 샐러드처럼 즐겨보세요. 가다랑어포가 일본 요리 특유의 풍미를 더해줍니다. 이 레시피에는 생강을 듬뿍 사용하지만, 초가을에 수확되는 양하를 얇게 채 썰어 섞으면 제철의 진미를 한층 제대로 즐길 수 있습니다.

분량

2인분

재료

생강 5g, 완숙 토마토 2개(300g), 가다랑어포 2g

— 드레싱

현미식초 1큰술, 올리브유 1큰술, 머스코바도 설탕 1/2작은술, 소금 1/2작은술, 후춧가루 약간

☞ 양하는 'Hideko's Notes : 면' 중 '재료 알아가기' 참고.

만들기

1. 생강은 껍질을 벗겨 가늘게 채 썬 후 물에 담가둔다.
2. 토마토는 냉장실에 차갑게 두었다가 꼭지를 떼고 한입 크기로 자른다.
3. 볼에 드레싱 재료를 모두 섞은 다음 물기를 제거한 생강을 넣고 가다랑어포를 손으로 부셔 넣어 잘 섞는다.
4. 한입 크기로 자른 토마토를 넣고 버무려 그릇에 담는다.

돼지고기 오이 샤부샤부 샐러드

豚肉ときゅうりのしゃぶしゃぶサラダ 부타니쿠토큐리노샤부샤부사라다

고기와 채소를 뜨거운 다시에 살짝 익혀 소스에 찍어 먹는 샤부샤부. 이 요리는 샤부샤부 스타일로 익혀 식힌 돼지고기와 여름이 제철인 오이, 시소를 상큼한 유즈코쇼 드레싱으로 버무린 샐러드입니다. 입맛이 없고 기운이 떨어지는 여름철에도 부담 없이 먹을 수 있어요.

분량

4인분

재료

오이 2개, 소금 2작은술, 시소(또는 깻잎) 30장, 샤부샤부용 돼지고기(삼겹살, 목살, 등심 등) 300g

— 드레싱

유즈코쇼 1큰술, 미소 2작은술, 올리브유 2큰술, 참기름 1/3큰술, 현미식초 2큰술

☞ 유즈코쇼 만드는 방법은 'Hideko's Notes : 전채' 중 '재료 알아가기' 참고.

만들기

1. 오이는 2~3mm 두께로 얇게 어슷썰기해 볼에 담고 소금을 뿌려 버무린다. 오이에서 물이 나오면 키친타월로 감싸 물기를 짠다.
2. 시소 30장 중 20장을 얇게 채 썰어 얼음물에 담근다.
3. 끓는 물에 돼지고기를 넣고 고기 색이 변하면 바로 체에 건져 식힌다.
4. 드레싱 재료를 모두 섞는다.
5. 2의 시소를 건져 물기를 제거한 후 1의 오이와 섞는다.
6. 넓은 그릇에 남은 시소 10장을 깔고 데친 돼지고기를 담은 후 5의 시소와 오이를 올리고 드레싱을 뿌린다.

구운 버섯 천도복숭아 샐러드

焼き椎茸と桃のサラダ 야키시이타케토모모노사라다

겨울이라면 샐러드에 양상추 대신 쑥갓을 사용하면 어떨까요? 쑥갓의 쓴맛은 볶은 버섯과 향긋한 천도복숭아나 감, 무화과, 사과 같은 제철 과일을 함께 버무리면 중화됩니다. 마지막에 쓴맛이 없고 입자가 커 씹는 맛이 좋은 말돈 소금을 뿌리면 과일의 단맛이 한층 더 잘 느껴집니다.

분량

2인분

재료

잎새버섯 100g, 느타리버섯 50g, 표고버섯 4개, 천도복숭아 1~2개, 쑥갓 100g, 간장 2작은술, 올리브유 1큰술, 말돈 소금 약간

— 드레싱

다진 양파 2큰술, 레드 발사믹 식초 2큰술, 머스코바도 설탕 1작은술

만들기

1. 잎새버섯과 느타리버섯은 손으로 큼직하게 찢고, 표고버섯은 기둥을 떼고 반으로 찢는다.
2. 천도복숭아는 껍질을 벗기고 씨를 제거해 7~8mm 두께로 슬라이스한다.
3. 쑥갓은 잎만 뗀다.
4. 기름을 두르지 않고 달군 팬에 손질한 버섯을 모두 넣고 강불로 볶는다.
5. 볼에 드레싱 재료를 섞은 후 10분 정도 두었다가 천도복숭아를 넣어 버무린다.
6. 다른 볼에 4의 볶은 버섯과 간장을 넣고 버무린다.
7. 5의 볼에 손질한 쑥갓을 넣어 버무린 다음 올리브유와 말돈 소금을 뿌려 그릇에 담는다. 마지막으로 6의 버섯을 올린다.

무침과 나물, 샐러드

일본 요리 아에모노의 정석

(첫째) **밑 준비로 맛을 업그레이드** — 재료는 각각 밑 준비를 한 뒤 무칩니다. 잎채소는 살짝 데쳐 물기를 짜내고, 콩류와 뿌리류는 삶아서 물기를 닦아줍니다. 수분이 많은 채소는 소금으로 버무려 수분을 빼고, 맛이 잘 배지 않는 채소는 미리 밑간을 합니다. 다소 번거롭더라도 재료 특성에 맞춰 밑 준비를 잘하면 무침 양념과 한층 잘 어우러져요.

(둘째) **뜨거울 때 무칠 것** — 맛을 제대로 배어들게 하고 싶은 재료나 단시간에 맛이 배게 하고 싶은 재료는 반드시 뜨거울 때 무치는 것이 좋습니다. 다만 두부처럼 쉽게 부서지거나 초록 잎채소와 같이 고온에 변색되기 쉬운 재료는 얼음물로 식힌 뒤 무쳐야 합니다.

(셋째) **먹기 직전 향으로 포인트** — 무침 요리에 향으로 포인트를 주면 맛이 또렷해집니다. 시소와 생강 등 향미 채소, 감귤류의 즙, 고소한 깨와 호두, 참기름 등을 적은 양이라도 더해주면 무침 요리의 맛이 제대로 살아납니다. 또 중요한 포인트는 꼭 먹기 직전에 무치는 것!

(넷째) **켜켜이 쌓듯 소복하게 담기** — 무침 요리를 낼 때는 깊이 있는 그릇의 가운데에 봉긋하게 담습니다. 그릇 가장자리까지 한가득 담지 말고 그릇의 60~70% 정도만 소복하게 담아주세요. 마지막으로 생강 채, 간 생강, 깨, 초피 등을 올려서 마무리합니다.

재료 알아가기

매실 장아찌 | 梅干し 우메보시

일본에서 6월 말부터 수확하는 황매실로 만드는 우메보시는 1년에 딱 한 번만 담글 수 있습니다. 황매실을 소금에 절이면 우메스라는 소금물이 생기고 여기에 적시소를 넣어 붉은색으로 만듭니다. 적시소를 넣지 않고 소금에만 절인 우메보시는 8월쯤에 햇빛 아래에서 3일 동안 말리고 보관 용기에 넣어 숙성해요. 우메보시는 살균 효과가 있어서 도시락 반찬이나 주먹밥 재료로 많이 사용합니다. 또한 곱게 다져 채소와 무치거나 소스, 드레싱에 섞어 쓰기도 합니다. 우메보시는 산미가 강해 그대로 먹기보다는 요리의 양념으로 활용하는 것이 훨씬 좋아요. 원래는 습기가 적고 시원한 곳에 오래 두고 먹는 식품이지만, 요즘은 저염으로 만드는 추세여서 반드시 냉장 보관을 권장합니다.

초피 | 山椒 산쇼

초피(경상도 방언으로 제피)는 일본에서 '산쇼'라는 명칭으로 불리기에 한국의 산초와 혼동하는 경우가 많습니다. 하지만 일본의 산쇼는 한국의 초피와 같은 종입니다. 한국에서는 가을에 수확한 초피 열매를 말려 껍질만 갈아서 추어탕에 넣거나 김치나 젓갈 양념으로 쓰지요. 일본에선 봄에는 초피 순, 초여름엔 초피 열매를 사용하고, 가을에는 말린 초피 열매 껍질을 가루 내 양념으로 만드는 등 1년 내내 친숙하게 활용합니다. 여름 제철에 수확해 손질한 초피는 냉동하면 1년 동안 양념으로 쓸 수 있어요. 소금을 더해 삶은 초피 열매를 넣은 멸치볶음은 일본인들이 무척 좋아하는 여름 반찬이며 주먹밥을 만들어도 맛있어요.

초피 열매 손질하기

① 초피 열매는 싱싱할 때 가지에서 떼어낸다.

② 충분한 물에 소금 1큰술을 넣고 끓으면 초피 열매를 넣은 다음 중불로 3분간 삶는다.

③ 삶은 열매를 건져 1시간 정도 물에 담근 후 물기를 제거한다. 바로 사용하거나 지퍼백에 담아 냉동 보관한다.

도구 살펴보기

사각 트레이 | バット 바트

보통 '바트'라고 흔히 불리는 조리용 사각 트레이는 채소를 데치거나 보관할 때, 양념 국물에 채소를 담가둘 때 유용하게 쓰입니다. 이 트레이는 스테인리스, 법랑, 알루미늄 등 여러 가지 재질로 생산되고, 깊이가 다양하고 뚜껑과 망이 세트인 제품도 있지요. 평소 요리할 때 어떤 크기와 깊이를 자주 쓰는지, 뚜껑이나 망이 필요한지 생각해 보고 고르세요.

체 또는 바구니 | ざる 자루

데치거나 뜨거운 물을 부어 익힌 후 물기를 제거해야 하는 조리법이 많은 일본 요리에서 체나 바구니는 필수 도구입니다. 데친 채소의 물기를 뺄 때는 손잡이가 하나인 체가 필요하고, 익힌 채소를 가지런히 올려 물기를 빼기 위해서는 대나무 바구니가 좋습니다. 파스타를 삶을 때뿐만 아니라 채소 요리를 맛있게 만들기 위해서도 다양한 모양과 크기의 체가 있으면 편리합니다.

채소가 반짝이는 순간, 오히타시와 나물

시금치나물이 맛있다고 느끼게 된 건 시어머니와 함께 살면서부터였다. 우리 가족은 큰아들의 첫돌까지 시부모님과 함께 살면서 매일 시어머니가 해주시는 음식을 먹었다. 나는 한국 요리를 먹고 자란 것도 아니고, 스페인 바르셀로나에서 살다 곧장 서울로 유학 왔던 터라 당시 할 수 있는 요리는 파에야나 스페인 오믈렛 정도였다. 일본 요리도 어머니의 미소시루와 오히타시 맛을 어렴풋이 재현할 수 있는 수준이었다. 당시 시아버지와 아직 미혼인 도련님, 우리 가족까지 모두가 먹을 음식은 매일 시어머니께서 준비해 식탁에 올리셨다. 반찬은 늘 비슷했는데, 남편은 어머니께서 원래 요리를 잘하시는 분이 아니라고 했다. 그래도 시어머니께서 무친 참기름 향이 고소한 시금치나물과 소고기를 참기름에 볶고 불린 고사리를 더해 조선간장을 넣고 볶은 고사리나물은 정말이지 맛있었다.

결혼 전에 3년간 서울에서 혼자 생활했지만, 정작 만들어 먹은 요리는 프렌치 셰프인 아버지께서 항공 우편으로 보내주신 레시피 메모를 참고한 화이트 스튜나 파스타 같은 양식이었다. 게다가 대학원 공부와 일본어 강사 일을 병행하는 것이 무척 힘들어서, 식사는 대부분 외식으로 해결했다. 대학 식당이나 대학가의 백반집에서 반찬으로 나오는 초록 나물이나 콩나물무침은 수분이 다 날아가 퍼석했고, 값싼 참기름을 써서 그런지 향도 거의 느껴지지 않았다. 그런 나물을 먹다 보니 그렇게 싫어하던 일본의 소송채 오히타시가 너무나 그리워질 정도였다.

시어머니의 시금치나물과 고사리나물을 어깨너머로 배워 어느 정도 만들어 먹을 수 있게 되었을 무렵, 한국 요리를 제대로 배우고 싶어 궁중음식연구원에 다니기 시작했다. 그리고 그곳에서 황혜성 선생님께 대보름 나물을 배웠다. 애호박, 고사리 외에는 구별하기 어려운 여러 말린 나물들을 대량으로 물에 불려 데치고, 물에 담가 잡맛을 제거한 뒤 물기를 뺐다. 어떤 나물은 참기름에 볶아 들깻가루를 뿌리고, 또 어떤 나물은 참기름에 볶아 조선간장으로 무쳤다. 그때는 애호박에 들깻가루가 왜 어울리는지도 몰랐지만 그저 배운 대로 만들었다. 태어나서 처음 먹어본 말린 나물의 맛은 참 묘했다. 그 순간 한국이 가깝고도 먼 나라라는 걸 실감하게 되었다. 아홉 가지 나물을 흰쌀밥과 함께 먹는 게 아니라 오곡밥과 김에 싸 먹었다. 단맛보다는 구수하고 쓴맛이 강한 나물이라 오곡밥과 잘 어울린다고 생각했다.

밑반찬으로 김치가 식탁에 오르는 한국에서는 마늘과 조선간장, 참기름이나 들기름으로 무친 나물이 잘 어울린다. 반면 일본 요리의 무침에는 '절대' 마늘을 넣지 않고 기름도 쓰지 않는다. 대신 다시에 간장이나 소금으로 간을 맞추고, 가끔은 깨를 절구에 갈아 설탕, 간장을 더해 무친다. 미소, 채 썬 생강, 간 깨를 섞어 쓰기도 한다. 시금치를 데쳐 갖은 조미료로 맛을 내는 한국의 나물. 데친 시금치를 다시에 담가 만드는 일본의 오히타시. 같은 녹색 채소를 사용하지만 조리법은 전혀 다르다. 그럼에도 간장과 갓 데친 싱싱한 녹색 채소는 두 나라 요리에서 공통 재료다.

일본의 전통 오히타시는 데친 녹색 채소를 한 김 식히고 물기를 뺀 뒤, 간장으로 밑간을 하고 우스구치 간장이나 국간장으로 맛을 낸 다시에 담가 재운다. 다시에 담그기 전에 오히타시가 물러지지 않게 하는 비법이 있는데, 바로 간장으로 밑간하는 '간장 씻기' 과정. 하지만 나는 간장 맛을 좋아하지 않아 녹색 채소를 데친 뒤 물기를 빼고 그대로 소금으로 간한 다시에 담그는 것이 더 맛있다. 최근에는 소금 다시에 채소를 담갔다 물기를 빼고 다시 소금과 참기름이나 들기름, 간 깨만 뿌려 나물을 무친다. 브로콜리나 산채 같은 녹색 채소에는 역시 마늘을 약간 더하면 더 맛있다. 초여름이 되면 색색의 콩으로 만든 소금 오히타시와 일본식 나물로 식탁을 가득 채운다.

채소를 냉수에 씻고, 데치고, 소금물이나 다시에 담그는 시간은 한국에서도 일본에서도 내가 가장 좋아하는 부엌 풍경이다. 사계절을 통틀어 채소가 한층 더 반짝이는 순간이기 때문이다. 요리 교실에서 또 내 부엌에서 오늘도 이 순간들이 되풀이된다.

Chapter
3

조림과 찜

煮物と蒸し物 니모노토무시모노

다양한 조리법 중에서도 일본 요리와 한국 요리의 조림을 만들 때는 조금 긴장됩니다. 재료, 냄비의 소재와 모양, 불 조절 등 다양한 요소에 따라 맛이 크게 달라지기 때문이에요. 한국 요리에서는 고기와 생선을 무 같은 채소와 조리는 경우가 많지만, 일본 조림은 채소만 살짝 조려서도 자주 먹습니다. 재료를 적당한 크기로 썰어 냄비에 차례대로 넣어 조리면 끝. 이 과정에서 재료와 조미료가 어우러져 부드럽고 조화로운 맛을 내는 것이 일본 조림의 특징입니다. 자극적이고 강한 맛이 특징인 한국식 조림과 만드는 방식은 비슷하지만 맛은 확연히 다릅니다. 그래서 일본 대 한국의 조림 요리 대결을 펼치는 것이 즐겁습니다. 일본 조림 요리에는 파, 생강 같은 향이 강한 채소나 향신료를 넣지 않아, 만든 다음 날 따끈하게 데워 반찬으로 즐기기에 좋습니다.

찜 요리는 수증기의 열로 가열하기에 색이 변하거나 타는 일이 없고, 수분이 졸아들지 않습니다. 또한 재료의 형태도 온전히 유지되어 고급스러운 요리를 완성할 수 있습니다. 찜기를 잘 활용하면 요리의 폭이 굉장히 넓어져요. 그런데 마음에 드는 찜기를 만나는 일은 참 어렵습니다. 성능이 좋으면 크기가 아쉽고, 크기가 적당하면 사용하기가 번거로운 경우가 많아요. 찜 요리의 매력을 조금씩 알아가면서 마음에 쏙 들어오는 찜기도 함께 찾아보길 바랍니다. 찜 요리는 불 조절, 찌는 시간을 정확히 지키는 것이 핵심입니다.

금태 간장 조림

ノドグロの煮付け 노도구로노니츠케

늦은 봄에 맛있어지는 금태(눈볼대)나 볼락을 간장으로 조린 요리입니다. 가자미조림에도 응용할 수 있는 레시피예요. 간장 맛이 강하지 않고 양념 국물을 술술 마실 수 있을 정도로 고급스럽고 순하게 간을 맞췄습니다. 생선을 살 때는 너무 크지 않은 적당한 크기를 고르고, 생선 가게에서 아가미와 내장, 비늘을 한 번에 제거해 달라고 부탁하세요. 이렇게 준비하면 조리 과정에서 생선살이 부스러지지 않아 깔끔한 조림을 만들 수 있습니다.

분량

4인분

재료

금태 2마리, 다시마 2장(금태 정도 크기), 저민 생강 5~6조각

— 양념
물 200ml, 청주 200ml, 간장 50ml, 미림 50ml

— 고명
영양부추 또는 달래나 쪽파 적당량

☞ 재료에서 금태는 도미, 볼락, 가자미 등 흰 살 생선으로 대체할 수 있다.

☞ 속뚜껑은 ‘Hideko’s Notes : 조림과 찜’ 중 ‘도구 살펴보기’ 참고.

만들기

1. 금태는 내장, 아가미, 비늘이 제거된 것을 준비해 몸통에 어슷하게 칼집을 2번 넣는다.
2. 냄비에 다시마를 깔고 양념 재료를 넣어 강불에 한소끔 끓인다.
   다시마는 생선 껍질이 냄비 바닥에 눌어붙거나 살이 부스러지는 것을 막아준다.
3. 금태 머리가 왼쪽으로 향하도록 넣고 생강을 올려 속뚜껑을 덮은 채 강불에서 7~8분간 조린다.
4. 영양부추는 5cm 길이로 자른다.
5. 그릇에 3을 담고 영양부추를 올린다.

뿌리채소 간장 조림

根菜の煮しめ 콘사이노니시메

당근, 우엉 등 뿌리채소와 감자, 고구마, 토란, 곤약, 다시마, 유부 등을 달콤하게 조린 니시메. 일본의 대표 조림 요리입니다. 냄비에 채소와 다시, 조미료를 와르르 넣고 팔팔 끓인 뒤 약불에서 천천히 조리면 채소에 다시가 스며듭니다. 호박처럼 금방 익는 채소는 중간에 넣는 게 좋아요. 한국인의 입맛에 맞춰 마지막에 꽈리고추를 더해 달달하고 칼칼한 버전으로 만들어봤습니다. 이 요리는 반나절 정도 두었다가 먹으면 맛이 더욱 깊어집니다.

분량

4인분

재료

건표고버섯 8개, 당근 1개(200g), 우엉 2개(300g), 연근 1개(200g), 단호박 1/2개(250g), 꽈리고추 12개

— 양념

다시마 다시 400ml, 표고버섯 물 50ml, 간장 60ml, 미림 30ml, 청주 30ml, 머스코바도 설탕 2큰술, 소금 약간

만들기

1. 건표고버섯은 한나절 정도 물에 불렸다가 건진다. 표고버섯 물은 양념용으로 남겨둔다.
2. 당근은 껍질을 벗기고 우엉은 솔로 닦아 모두 한입 크기로 자른다.
3. 연근은 껍질을 벗기고 1cm 두께로 슬라이스한 다음 반으로 자른다.
4. 단호박은 껍질째 한입 크기로 자르고, 꽈리고추는 꼭지를 떼고 어슷하게 반으로 썬다.
5. 냄비에 양념 재료를 넣고 끓기 시작하면 당근, 우엉, 연근, 표고버섯을 넣고 강불로 한소끔 끓인다.
6. 국물이 한 번 끓어오르면 중불로 낮추고 거품을 제거한 뒤 속뚜껑을 덮고 5분 정도 조린다.
7. 단호박을 더하고 5분간 더 조린다.
8. 꽈리고추를 맨 위에 올리고 속뚜껑을 덮어 3분 정도 더 조린다.
9. 당근이나 연근이 이쑤시개가 쉽게 들어갈 정도로 익으면 불을 끄고 냄비째 식힌다. 식은 상태에서 먹으면 더 맛있다.

후박나무 잎 연어찜

サケの朴葉蒸し 사케노호오바무시

일본 기후현 다카야마 지역의 향토 요리로, 밥반찬으로도 좋고 술안주로도 더할 나위 없습니다. 본래 이 요리는 가을에 갈색으로 물든 후박나무 잎 위에 쌀누룩 미소로 만든 양념을 바르고, 그 위에 생선과 채소를 올려 숯불에 굽는 방식으로 만듭니다. 이 레시피에서는 여름철 후박나무 잎에 시로 미소와 아카 미소를 섞은 양념을 발라 연어와 버섯을 싸서 쪄보았습니다.

분량

2인분

재료

후박나무 잎(또는 종이 포일) 2장, 연어 살 2조각(조각당 100~150g), 표고버섯 2개, 느타리버섯 100g, 팽이버섯 70g, 은행 6알, 청주 1큰술, 소금 적당량

— 양념

미소다레 : 시로 미소 3큰술, 아카 미소 3큰술(또는 한국 된장 2큰술), 참깨 페이스트 2큰술, 미림 1큰술, 청주 1큰술, 머스코바도 설탕 1큰술, 다진 생강 1큰술, 다진 대파 50g

만들기

1. 후박나무 잎은 물에 잠시 담가 깨끗이 씻은 다음 물기를 닦는다.
2. 연어는 소금을 적당히 뿌려둔다.
3. 표고버섯은 기둥을 떼고 4등분하고, 느타리와 팽이버섯은 밑동을 잘라내고 찢는다.
4. 은행은 껍데기가 있는 경우 껍데기를 까고 속껍질도 깐다.
5. 볼에 대파를 제외한 미소다레 재료를 섞다가 마지막에 대파를 넣고 섞는다.
6. 후박나무 잎에 5의 미소다레를 바르고 연어, 버섯, 은행을 올린 다음 청주를 뿌리고 잘 감싼다.
7. 달군 팬에 6을 넣고 뚜껑을 덮은 상태에서 중약불로 10분 정도 익힌다.

6

백합 술찜

ハマグリの酒蒸し 하마구리노사카무시

의외로 귀차니스트인 나는 손님을 대접할 때면, 금방 만들 수 있으면서도 다들 '와!' 할 만한 메뉴가 무엇일까 자주 고민합니다. 그 답 중 하나가 바로 이 술찜 요리예요. 10분도 채 걸리지 않아 국물 맛이 일품인 근사한 요리가 완성되고, 청주를 화이트 와인으로 바꾸면 지중해 요리로 변신하기도 합니다. 봄이 제철인 다양한 조개를 사용하거나 참나물을 구하기 어렵다면 서양 허브로 대체해도 좋아요. 청주의 은근한 향과 잘 어울립니다.

분량

2인분

재료

백합 6개(약 300g), 해감용 소금물(물 1L+소금 2큰술), 참나물 2줄기

— 양념

청주 2큰술, 물 2큰술

만들기

1. 백합은 씻어서 해감용 소금물에 담가 은박지를 덮어 30분 이상 둔다. 해감한 후 한 번 더 깨끗하게 씻는다.
2. 참나물은 잎까지 5cm 길이로 자른다.
3. 냄비에 백합, 양념 재료를 넣고 뚜껑을 덮어서 중불로 익힌다.
4. 백합이 입을 벌리기 시작하면 참나물을 올리고 뚜껑을 덮은 상태에서 3분간 뜸을 들여 완성한다.

사태 미소 조림

牛すね肉の味噌煮込み 규스네니쿠노미소니코미

추운 계절이 찾아오면 이상하게도 맛있는 소고기가 먹고 싶어집니다. 가장 먼저 떠오르는 '소고기의 맛'은 셰프인 아버지께서 정말 가끔 구워 주시던 간장 맛 스테이크입니다. 한국 생활이 길어지면서 그리운 일본의 맛을 재현하려 이 레시피를 생각했습니다. 고기가 젓가락으로도 부드럽게 잘릴 정도로 시간을 들여 푹 조려주세요. 한국 된장으로 조려도 맛있습니다.

분량

4~6인분

재료

소고기 사태 800g~1kg, 생강 10g, 대파 초록 부분 2대(120~140g), 소금 약간

— 양념

소고기 육수 500ml, 아카 미소 4큰술(또는 한국 된장 3큰술), 청주 50ml, 머스코바도 설탕 1큰술, 간장 1과 1/2큰술

— 곁들임

데친 초록 채소(쪽파, 시금치 등), 연겨자

만들기

1. 사태는 끓는 물에 소금을 넣고 겉이 회색이 될 때까지 익힌다.
2. 냄비에 익힌 사태를 담고 사태가 잠길 정도로 물을 부은 다음 생강, 대파를 넣는다.
3. 강불에 올려 한소끔 끓으면 뚜껑을 덮고 약불에서 1시간 30분 정도 뭉근하게 삶는다.
4. 사태를 건져내 한입 크기로 자른다. 육수는 양념용으로 남겨둔다.
5. 냄비에 양념 재료를 섞고 자른 사태를 넣어 약불로 30분간 조린다.
6. 그릇에 사태를 담아 냄비에 남아 있는 양념을 끼얹고 데친 채소와 연겨자를 곁들인다.

삼겹살 간장 조림

豚の角煮 부타노가쿠니

세계 각국에서 다양한 조리법으로 만드는 돼지고기 조림. 나의 조리법은 소금이나 누룩 소금을 골고루 발라 찜기로 1시간 이상 찌는 것입니다. 그러면 돼지고기의 지방 맛은 살리면서 불필요한 지방은 제거되어 육질이 촉촉하고 부드러워져요. 양념에는 우메보시를 듬뿍 넣어 간장만 사용해 조릴 때보다 깔끔하고 색다른 맛을 즐길 수 있습니다. 연겨자에 찍어 먹으면 더욱 좋습니다.

분량

4인분

재료

돼지고기 삼겹살 1kg, 소금 1작은술, 반숙 달걀 4개, 연겨자 적당량

— 양념

물 200ml, 청주 200ml, 간장 80ml, 머스코바도 설탕 3큰술, 저민 생강 6장, 저민 마늘 2쪽 분량, 대파 1대(100g), 우메보시 3개

— 고명

대파 흰 부분 20g, 오이 1/2개(100g), 소금 1자밤

☞ 누룩 소금은 'Hideko's Notes : 튀김' 중 '재료 알아가기' 참고.

만들기

1. 삼겹살은 덩어리째 소금을 발라 냉장실에서 30분 정도 재운다.
2. 삼겹살의 지방 부분이 아래로 향하도록 찜기에 넣고 1시간 정도 중불로 찐다.
3. 삼겹살을 꺼내 표면의 수분과 기름기를 키친타월로 닦고 먹기 좋은 크기로 자른다.
4. 고명용 대파는 가늘게 채 썰어 물에 5분간 담근 후 물기를 제거한다.
5. 오이는 반달 모양으로 얇게 썰고 소금을 뿌려 절인다. 오이에서 물이 나오면 물기를 짠다.
6. 냄비에 양념 재료와 자른 삽겹살을 넣고 속뚜껑을 덮은 채 약불로 30분간 조린다.
7. 우메보시를 건져내고 속뚜껑을 제거한 다음 반숙 달걀을 넣고 중약불에 뒤집어가며 광택이 날 때까지 조린다.
8. 그릇에 6과 반으로 자른 달걀, 건져낸 우메보시, 오이를 담고 채 썬 대파를 올린다. 기호에 따라 연겨자를 곁들인다.

홍게살 앙카케 차완무시

あんかけ茶碗蒸し 앙카케차완무시

'앗뜨!' 하며 찜기에서 일본식 달걀찜인 차완무시를 꺼내시던 어머니. 아이들이 어린 시절, 그 모습을 떠올리며 나도 '앗뜨!' 하며 1인용 그릇에 차완무시를 만들곤 했습니다. 하지만 어느 순간부터 갖은 재료를 손질해 각각 넣고 찌는 것이 번거로워 큼직한 그릇에 간편하게 만들고 있어요. 별다른 재료를 넣지 않아도 다시만 잘 우려내면 근사한 차완무시가 완성되니까요. 그러다 언젠가 손님상을 급히 차려야 했을 때 생각해 낸 것이 냉동 게살을 넣은 앙(전분을 더한 걸죽한 소스)을 뿌리는 것! 그때부터는 이 방법으로 주재료를 바꿔가며 앙카케 차완무시를 즐기고 있습니다.

분량

4인분

재료

달걀 6개, 가다랑어포 다시 800ml, 연한 간장 1작은술, 소금 1작은술, 청주 1큰술

— 소스

앙카케 : 홍게살 200g, 가다랑어포 다시 300ml, 연한 간장 2작은술, 소금 1/4작은술, 전분물(전분 1큰술+물 3~4큰술)

— 고명

유자(또는 라임) 껍질 약간

만들기

1. 달걀은 볼에 넣고 젓가락을 이용해 거품이 나지 않게 푼 다음 다시, 연한 간장, 소금, 청주를 섞는다.
2. 내열성 도자기 그릇에 1의 달걀물을 담아 김이 올라오는 찜기에 넣고 약불로 30분간 이상 찐다.
3. 홍게살은 먹기 좋게 찢는다.
4. 냄비에 소스용 다시, 연한 간장, 소금을 넣고 중불에서 한 번 끓인 후 전분물을 더한다. 앙카케 소스가 걸쭉해지면 홍게살을 넣고 한소끔 더 끓인다.
5. 2의 차완무시에 홍게살 앙카케를 올리고 유자 껍질의 노란 부분을 강판에 갈아서 뿌린다.

죽순 미역 조림

若竹煮 와카타케니

매년 초여름, 죽순이 수확되기 시작하면 산지의 생산자로부터 반가운 연락을 받습니다. 지리산에서 온 죽순은 신선할 때 삶아 냉장고에 보관해요. 처음에는 죽순밥을 지어 먹고, 그다음에는 죽순 조림을 합니다. 정성껏 우린 가다랑어포 다시에 죽순을 넣고 조리다가 생미역이나 데친 산나물을 더하고 그릇에 담아 초피 순을 올려주면 완성. 일본을 떠나 오래 살다 보니 종종 이 담백한 맛이 마음을 편안하게 해줍니다.

분량

2인분

재료

삶은 죽순 1개(300g), 염장 미역 30g, 가다랑어포 다시 400ml

— 양념

미림 2작은술, 연한 간장 2작은술, 소금 적당량

— 고명

초피 순 약간

만들기

1. 삶은 죽순은 세로로 반 갈라 7~8cm 길이로 먹기 좋게 자른다. 이때 죽순의 뾰족한 끝부분은 잘라내지 않고 살린다.
2. 미역은 씻어서 1분간 물에 담가 소금기를 뺀 다음 먹기 좋게 자른다.
3. 냄비에 다시와 자른 죽순을 넣고 중불로 끓이다가 팔팔 끓기 직전에 양념 재료를 더하고 약불로 2분 정도 끓인다.
4. 미역을 넣은 다음 끓어오르면 바로 불을 끈다.
5. 그릇에 담고 초피 순을 올린다.

고등어 미소 조림

サバの味噌煮 사바노미소니

어렸을 때부터 생선조림을 싫어했던 내가 고등어조림을 먹을 수 있게 된 것은 한국의 간고등어 맛을 알게 된 이후입니다. 이 고등어조림은 짠맛이 강한 일본 아카 미소를 넣어 간간하게 조리고, 마지막에 유자 껍질을 갈아서 뿌려 상큼한 향을 더합니다. 조리기 전 끓는 물에 겉만 살짝 익히는 유부리 과정을 거치면 고등어의 비린내와 불순물, 불필요한 지방이 제거되어 짧은 시간 조려도 진한 풍미를 즐길 수 있습니다. 아카 미소가 없다면 한국 된장으로도 충분히 맛있게 만들 수 있어요.

분량

2~3인분

재료

고등어 1마리, 소금 1/2작은술, 생강 10g

— 양념

청주 50ml, 물 50ml, 아카 미소 2큰술(또는 한국 된장 1큰술), 머스코바도 설탕 2큰술

— 고명

생강·대파 흰 부분 적당량, 유자(또는 레몬) 껍질 약간

만들기

1. 고등어는 뼈가 붙어 있는 조림용이나 3장뜨기한 고등어 살을 준비한다.
2. 4~6조각으로 자르고 껍질에 칼집을 넣은 후 소금을 뿌려 10분간 둔다.
3. 사각 트레이에 고등어를 놓고 끓인 물을 부어 표면을 살짝 익힌 다음 차가운 물에 담근다. 생선살의 거무스름한 부분을 물로 씻어내고 물기를 뺀다.
4. 요리용 생강은 저민다. 고명용 생강과 대파 흰 부분은 얇게 채 썰어 각각 물에 담가둔다.
5. 냄비에 양념 재료를 섞고 저민 생강을 더해 중강불로 한소끔 끓인다.
6. 고등어를 넣고 속뚜껑을 덮은 후 중약불로 5~7분간 조린다.
7. 속뚜껑을 제거하고 국물을 생선 위에 끼얹으며 1~2분간 더 조린다.
8. 그릇에 담고 채 썬 생강과 대파를 올린 다음 유자 껍질의 노란 부분을 강판에 갈아서 뿌린다.

3

소고기 감자 조림

肉じゃが 니쿠자가

니쿠자가는 많은 일본인들이 애정을 갖는 요리로, 그 인기에는 귀여운 이름도 한몫하지 않나 싶습니다. 냉장고에 늘 있을 법한 재료를 대충 잘라 냄비에 넣고 가끔씩 섞어주기만 해도 행복한 맛이 납니다. 일본 요리의 조림은 재료를 냄비에 넣고 그대로 조리는 방식, 재료를 먼저 살짝 볶은 뒤 조리는 볶음 조림, 그리고 찜 조림으로 나눌 수 있습니다. 이 레시피는 소고기로 만들었지만, 돼지고기를 사용해도 맛있어요.

분량

4인분

재료

소고기 불고기용 300g, 감자 3개(450g), 당근 1/4개(50g), 양파 1개(200g), 오크라 3개, 식용유나 현미유 약간

— 양념

머스코바도 설탕 2큰술, 청주 3큰술, 간장 2큰술, 멸치 다시(또는 물) 300ml

☞ 재료에서 오크라는 아스파라거스, 껍질콩, 꽈리고추로 대체할 수 있다.

만들기

1. 소고기는 먹기 좋게 자르고, 감자는 껍질을 벗겨 6등분해 물에 담가둔다.
2. 당근은 한입 크기로 썰고, 양파는 1cm 폭으로 자른다. 오크라는 꼭지를 떼고 어슷하게 반으로 자른다.
3. 냄비에 식용유를 두르고 양파를 깐 다음 소고기를 올린다. 설탕을 뿌리고 청주, 간장을 넣고 한소끔 끓인다.
4. 감자, 당근, 멸치 다시를 넣고 중약불로 10분간 속뚜껑을 덮어 조린다. 중간중간 거품을 제거한다.
5. 감자가 70% 정도 익으면 오크라를 넣고 속뚜껑을 제거해 약불로 5분 정도 익힌다.
6. 가끔 냄비를 크게 흔들며 국물이 1/3 정도로 줄어들 때까지 끓여 완성한다.

조림과 찜

일본 요리 조림의 정석

첫째 **다시를 쓰는 조림과 쓰지 않는 조림** – 고기나 생선을 조릴 때, 여러 재료를 함께 조릴 때는 재료에서 맛이 우러나 다시를 사용하지 않아도 충분히 맛있습니다. 반면 색이 연하고 맛이 담백한 채소(무, 토란, 감자 등), 조림 국물이 스며들면 더 맛있는 재료(가지, 유부 등), 맛이 잘 스며들지 않는 뿌리채소, 봄철 콩류, 봄철 채소(양배추, 아스파라거스, 죽순 등)는 다시를 넣어 조리하면 풍미가 더 깊어집니다.

둘째 **생선이나 고기 조림은 유부리가 포인트** – 생선이나 고기를 끓는 물에 겉만 살짝 익히는 과정을 '유부리'라고 합니다. 조리기 전에 유부리를 하면 재료의 이물질, 잡성분, 불필요한 지방이 제거되어 요리의 풍미가 살아나고, 조림 국물도 맛있어져요. 또한 살 표면이 단단해져 오래 조려도 살이 쉽게 부스러지지 않습니다.

셋째 **인기 반찬 비결은 볶다가 조리기** – 밥과 잘 어울리는 밑반찬인 소고기 감자 조림, 뿌리채소 간장 조림, 당근 우엉 조림 등은 먼저 재료를 볶아 맛을 살린 뒤 다시나 물, 조미료를 넣어 조립니다. 향과 풍미를 더하기 위해 참기름을 넣기도 해요.

넷째 **재료와 조리법에 따라 달라지는 냄비** – 조림 요리에서 국물이 넉넉한 경우, 지름 15~20cm 정도의 냄비를 사용하면 국물 속에서 조미료가 효율적으로 퍼집니다. 생선조림을 할 때는 생선을 꺼내기 쉽고 살이 잘 부서지지 않도록 생선보다 충분히 큰 크기의 얕은 냄비가 좋아요.

일본 요리 찜의 정석

첫째 **온도는 80~90℃로 유지** – 찜 요리는 물을 팔팔 끓여 찜기에 충분한 증기가 생긴 뒤 재료를 넣으세요. 이때 내부 온도를 80~90℃로 유지하며 찌는 것이 핵심입니다. 내부 온도가 100℃에 이르면 재료가 완전히 익어버려 표면이 딱딱해질 수 있어요. 조리용 온도계를 사용하면 편리합니다.

둘째 **물방울로부터 재료를 지켜라** – 나무 찜기는 자체적으로 수분을 흡수해 물방울이 맺히지 않지만, 스테인리스 찜기는 뚜껑에 면포를 받치거나 뚜껑을 아주 조금 열고 쪄야 합니다. 물방울이 재료에 떨어지면 얼룩이나 구멍이 생기고 요리가 질척해질 수 있어요. 찜기는 크기가 큼직할수록 증기의 힘이 세고 안정적으로 찜 요리를 할 수 있습니다.

셋째 **밑 손질로 재료 맛을 끌어올리기** – 찜 요리는 증기로 가열하는 특성상 식재료의 잡성분이 배출될 기회가 적습니다. 그래서 잡성분이 적고 담백한 식재료에 어울리는 조리법이에요. 찌기 전에 생선이나 어패류는 소금을 뿌려두고, 채소는 물에 살짝 데쳐 불순물을 제거하면 깔끔하고 맛있는 찜 요리를 만들 수 있습니다.

(넷째) **찜기에 맞는 스테인리스 트레이 준비** — 생선을 찔 때는 찜기가 더러워지기 쉽고, 차완무시와 같이 그릇째 찌는 요리는 너무 뜨거워 꺼내기가 힘든 경우가 많습니다. 미리 찜기에 들어갈 크기의 스테인리스 트레이를 구비해 사용하면 편리하게 조리할 수 있습니다.

재료
알아가기

후박나무 잎 | 朴葉 호오바

일본 전역에서 자라는 후박나무의 잎은 항균 작용을 해 식재료를 싸두면 보관 기간이 늘어나고 향이 배어 음식 맛이 좋아집니다. 임업이 발달한 기후현 히다 지역에서 그릇 대신 사용된 것이 쓰임의 시작이에요. 일본에서는 진공 처리한 푸른 후박나무 잎과 후박나무 낙엽을 인터넷으로 구매할 수 있습니다. 대표적인 요리로는 푸른 잎에 초밥과 초절임 생선, 채소를 감싼 호오바즈시와 낙엽에 미소 양념을 발라 연어나 버섯 등을 감싸 숯불에 구운 호오바미소가 있습니다.

도구
살펴보기

속뚜껑 | 落しぶた 오토시부타

조림을 할 때 양념 국물이 생선 위로 살짝 올라오는 상태에서 속뚜껑을 덮고 가열하면 밑국물이 끓으면서 뚜껑에 부딪히고 다시 떨어지며 생선의 윗부분까지 익고 또 양념이 고루 배어듭니다. 생선살이 부스러지는 것도 방지할 수 있어요. 요리에 따라 나무 속뚜껑, 알루미늄 포일, 종이 포일 등을 적절히 사용하면 더욱 효과적입니다. 크기는 냄비의 지름보다 한 단계 작은 것을 준비하세요. 레시피에 '속뚜껑을 덮고'라고 적혀 있다면 꽤 중요한 조리 포인트이니 반드시 따라 해야 합니다.

유키히라 냄비 | 雪平鍋 유키히라나베

유키히라 냄비는 알루미늄 소재로, 표면을 망치로 두드린 흔적이 있습니다. 이는 냄비의 표면적을 넓혀 열전도율을 높이고, 음식이 타거나 달라붙는 것을 방지하는 역할을 해요. 양쪽에 물 따르는 부분이 있고 내부 눈금선도 있어 다시, 국물 요리, 조림, 소스 데우기 등 다양한 요리에 안성맞춤입니다. 최근에는 인덕션에서 사용할 수 있는 제품도 출시되어 활용도가 더욱 높아졌어요.

Chapter 4

구이와 볶음

焼き物と炒め物 야키모노토이타메모노

일본어에는 '오후쿠로노아지'라는 표현이 있습니다. '어머니 손맛', '어머니께 배운 요리'라는 뜻인데요. 내게는 미소시루나 조림 요리가 그렇습니다. 그런데 왠지 볶음 요리는 '아버지 맛', 또는 '남자의 요리'라는 느낌이 듭니다. 우리 집 남자들도 뭔가 요리를 해준다고 할 때마다 늘 프라이팬을 꺼내 들고 냉장고 안을 뒤적여 채소를 자르고, 조미료를 이것저것 넣어 달달 볶기 시작합니다. 그렇게 10분쯤 지나면 국적 불명의 노릇노릇한 볶음 요리 한 접시가 식탁에 올라오죠.

사실 일본의 전통 가이세키 요리에는 볶음 요리 카테고리가 존재하지 않습니다. 일본 밥상에 반찬으로 자주 등장하는 볶음 요리는 중화요리의 볶음이나 서양 요리의 소테에서 영향을 받아 자연스럽게 자리를 잡았지요. 채소를 주재료로 기름을 살짝 두르고 기본 조미료나 시판용 소스로 볶아 맛을 내는 스타일로, 간편해서 더 매력적입니다.

구이는 어떨까요? 조리법도 간단하고, 고기를 구울 때 풍기는 고소한 향기, 후끈후끈한 열기, 지글지글한 소리, 촉촉한 맛까지 모두 즐길 수 있어 가족 식사로 더할 나위 없습니다. 외식하는 것보다 집에서 구우면 절약도 되고 갓 구운 풍미도 일품입니다. 게다가 술안주로도 아주 좋아요. 일본 요리에서는 생선을 미리 양념해 두었다가 구이 전용 그릴에 굽거나 그릴망에서 천천히 굽습니다. 데리야키처럼 마지막에 소스를 바르는 경우에는 한국의 생선구이처럼 생선에 밀가루를 살짝 뿌린 뒤 팬에 참기름을 두르고 구우면 됩니다.

돼지고기 생강 구이

豚肉の生姜焼き 부타니쿠노쇼가야키

일본 가정식 요리의 대표 메뉴 중 하나. '오늘 저녁 반찬은 뭘 할까?' 고민될 때 자주 떠오르는 요리예요. 생강과 돼지고기만 있으면 되니 재료비 부담도 크지 않습니다. 돼지고기는 목살이나 앞다리살을 사용하는데 그때그때 기분에 따라 고릅니다. 불고기용보다 살짝 두꺼운 것이 가장 좋습니다. 구이용처럼 두꺼운 고기는 양념이 잘 배어들지 않으니 피해주세요.

분량

2인분

재료

돼지고기 목살 300g(7~8mm 두께), 꽈리고추 4개, 소금·전분·식용유 적당량

— 양념

간장 2큰술, 미림 2큰술, 청주 2큰술, 간 생강 2큰술

— 곁들임

양상추 또는 채 썬 양배추, 토마토

만들기

1. 돼지고기에 소금을 적당히 뿌리고 전분을 얇게 묻힌다.
2. 볼에 양념 재료를 섞는다.
3. 꽈리고추는 꼭지를 떼고, 양상추는 먹기 좋게 찢는다. 토마토는 한입 크기로 자른다.
4. 달군 팬에 식용유를 두르고 고기를 펼쳐 강불에 굽는다. 꽈리고추도 넣고 함께 굽다가 익으면 먼저 꺼낸다.
5. 고기에 양념을 묻혀가며 굽는다. 고기는 많이 익히면 질겨지므로 재빨리 굽는다.
6. 그릇에 구운 고기와 꽈리고추를 담고 양상추, 토마토를 곁들인다.

두툼한 달걀말이

厚焼き卵 아츠야키타마고

매일 달걀프라이만 먹으면 질리니 오믈렛, 스크램블드에그, 반숙 달걀 등으로 레시피를 바꿔가며 요리합니다. 우리 집 아침 달걀 메뉴 중 하나인 두툼한 달걀말이는 설탕을 듬뿍 넣어 달달한 맛이 포인트. 휘리릭 말아서 정신없는 아침 밥상에 올리기에 그만이에요. 표면이 살짝 타야 더 맛있습니다.

분량

가로 15×세로 15×높이 3cm 사각 팬 1개

재료

달걀 4개, 식용유 적당량

— 양념

설탕 1큰술, 청주 1큰술, 연한 간장 1/2작은술, 소금 1/3작은술

— 곁들임

간 무, 간장

만들기

1. 볼에 달걀을 넣고 젓가락을 사용해 거품이 나지 않도록 젓다가 양념을 넣고 잘 섞는다.
2. 작은 그릇에 식용유를 조금 붓고 키친타월을 접어 기름을 먹인다.
3. 팬에 식용유 1/2작은술을 두르고 중불 또는 중약불로 달군다. 달걀물을 조금 떨어뜨렸을 때 '칙' 소리가 나며 익으면 알맞은 온도다.
4. 달걀물의 1/3 정도를 팬에 부어 펼치고 반숙 정도로 익으면 손잡이 반대 방향으로 만다. 이때 달걀을 스크램블드에그 만들듯 휘저으며 안쪽으로 모아 거칠게 한 번 말아준다.
5. 만 달걀을 팬 손잡이 쪽으로 당겨 생긴 빈 공간에 2의 키친타월로 기름을 바른다.
6. 남은 달걀물 절반을 붓는다. 만 달걀 아래쪽에도 젓가락을 넣어 달걀물이 들어가게 한다.
7. 달걀물이 반숙보다 조금 더 익은 정도가 되면 한 번 더 손잡이 반대 방향으로 달걀을 만다.
8. 5, 6, 7 과정을 반복해서 달걀물을 다 쓸 때까지 계속 만다.
9. 완성한 달걀말이는 발로 단단하게 감싸 5분 정도 두어 형태를 잡는다.
10. 발에서 꺼내 먹기 좋게 자른다. 취향에 따라 간 무나 간장 등을 곁들인다.

다시 달걀말이

だし巻き卵 다시마키타마고

다시를 듬뿍 넣어 부드러운 다시 달걀말이. 따끈한 다시가 입안에서 퍼지는, 그야말로 행복한 맛입니다. 간 무에 간장을 뿌려 곁들이면 더 맛있어요. 단, 다시가 들어가면 모양 잡기가 조금 어려우니 달걀물을 네다섯 번 나눠 부으며 얇게 여러 번 말아야 합니다. 이 레시피에서는 말기 쉽도록 전분을 섞어주었습니다.

분량

가로 15×세로 15×높이 3cm 사각 팬 1개

재료

달걀 4개, 식용유 적당량

— 양념

다시 120ml, 청주 1큰술, 전분 1큰술, 설탕 1작은술, 연한 간장 1작은술, 소금 1/3작은술

— 곁들임

간 무, 간장

만들기

1. 볼에 달걀을 넣고 젓가락을 사용해 거품이 나지 않도록 젓는다.
2. 다른 그릇에 양념의 다시와 청주, 전분을 섞는다.
3. 푼 달걀에 설탕, 간장, 소금을 넣어 젓다가 2의 다시를 합쳐 젓가락으로 계속 섞는다.
4. 작은 그릇에 식용유를 조금 붓고 키친타월을 접어 기름을 먹인다.
5. 팬에 식용유 1/2작은술을 두르고 중불 또는 중약불로 달군다. 달걀물을 조금 떨어뜨렸을 때 '칙' 소리가 나며 익으면 알맞은 온도다.
6. 달걀물의 1/5 정도를 팬에 부어 펼치고 반숙 정도로 익으면 손잡이 반대 방향으로 만다. 이때 달걀을 스크램블드에그 만들듯 휘저으며 안쪽으로 모아 거칠게 한 번 말아준다.
7. 만 달걀을 팬 손잡이 쪽으로 당겨 생긴 빈 공간에 4의 키친타월로 기름을 바른다.
8. 6의 달걀물과 비슷한 분량을 다시 붓는다. 만 달걀 아래쪽에도 젓가락을 넣어 달걀물이 들어가게 한다.
9. 달걀물이 반숙보다 조금 더 익은 정도가 되면 한 번 더 손잡이 반대 방향으로 달걀을 만다.
10. 7, 8, 9 과정을 반복해서 달걀물을 다 쓸 때까지 계속 만다.
11. 완성한 달걀말이는 발로 단단하게 감싸 5분 정도 두어 형태를 잡는다.
12. 발에서 꺼내 먹기 좋게 자른다. 취향에 따라 간 무나 간장 등을 곁들인다.

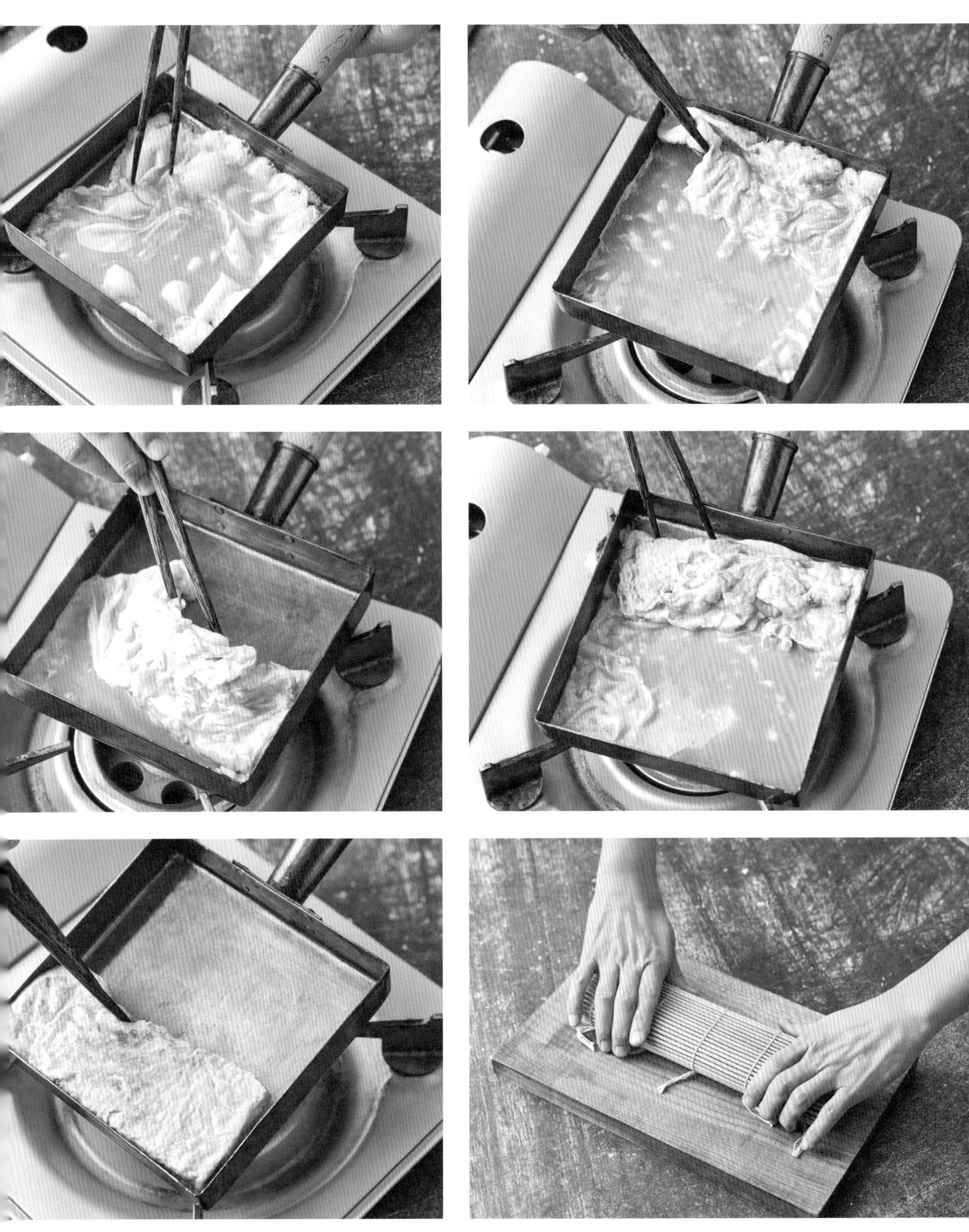

민어 데리야키

ニベの照り焼き 니베노데리야키

일반적으로 일본 요리의 생선 간장 구이는 겨울에는 방어, 여름에는 가다랑어를 사용합니다. 이 레시피는 일본에서는 흔치 않은 민어를 사용했어요. 방어나 민어처럼 기름이 많은 생선을 팬에 구울 때는 생선에서 나온 기름을 깨끗이 닦아낸 뒤 양념을 부어주세요. 80% 정도 익었을 때 양념을 부어주면 양념이 생선과 함께 끓어오르며 딱 맛있게 구울 수 있습니다.

분량

4인분

재료

민어 살 4조각(조각당 120~150g), 소금 1작은술

— 양념

데리야키 : 간장 2큰술, 미림 2큰술, 청주 2큰술, 머스코바도 설탕 1큰술

— 곁들임

채소 절임, 장아찌 등

만들기

1. 민어 살은 껍질이 붙은 것으로 준비해 소금을 양면에 뿌리고 10분간 냉장실에 넣어둔다.
2. 볼에 데리야키 양념 재료를 섞는다.
3. 민어 살의 물기를 제거한 후 달군 팬에 올리고 생선에서 기름이 나올 때까지 중불로 굽는다. 한 번 뒤집어서도 똑같이 기름이 나올 때까지 굽는다.
4. 생선이 구워지면 생선은 그대로 두고 팬 바닥에 있는 기름을 키친타월로 닦아낸다.
5. 생선에 2의 데리야키 양념을 붓고 숟가락으로 양념을 끼얹으며 강불로 조린다.
6. 양념이 거의 졸아들면 뒤집어 양념이 고루 배어들도록 조린다. 표면에 광택이 나면 불을 끈다.
7. 그릇에 담아 일본식 채소 절임 또는 한국 장아찌를 곁들인다.

5

간장 양념에 재운 삼치구이

サワラの幽庵焼き 사와라노유안야키

간장, 미림, 청주를 같은 비율로 섞고 유자즙을 더해 생선에 발라 굽는 유안야키. 일본 에도 시대의 다도 대가인 유안이 창안한 요리입니다. 흰 살 생선이나 등 푸른 생선 어떤 것으로 만들어도 맛있어요. 양념을 바른 생선은 타기 쉬우므로 불 조절에 유의하세요. 마지막에 양념을 부어 강불로 조린 뒤 유자즙을 뿌리면 향이 한층 더 살아납니다.

분량

4인분

재료

삼치 살 또는 연어 살 4조각(조각당 100~120g), 소금 1작은술

— 양념

유안지 : 간장 100ml, 미림 100ml, 청주 100ml

— 곁들임

청유자(또는 유자나 라임, 레몬), 채소 절임 등

만들기

1. 삼치는 3장뜨기해 뼈를 제거한 다음 정사각형으로 자른다. 소금을 뿌려 10분간 냉장실에 두었다가 물기를 닦는다.
2. 볼에 유안지 재료를 섞어 삼치를 1시간 정도 재운다.
3. 달군 석쇠 또는 에어 프라이어로 중간에 양념을 한두 번 바르면서 노릇하게 굽는다. 만약 팬에 굽는다면 참기름을 두르고 먼저 바닥에 닿는 생선살에 밀가루를 살짝 묻혀서 굽는다.
4. 그릇에 담아 청유자, 일본식 채소 절임을 곁들인다.

일본식 군만두

餃子 교자

어머니께서는 프라이팬에 만두를 굽는 것이 번거로우셨는지, 늘 같은 재료로 물만두를 만들어 주셨습니다. 그 부드러운 맛이 마음을 편안하게 했던 기억이 나네요. 한국식 군만두를 부담 없이 즐기다가도 가끔 일본식 군만두 교자 맛이 무심코 그리워질 때가 있습니다. 양배추나 배추 어떤 재료로든 맛있게 만들 수 있는 기본 교자 레시피를 정리했습니다. 굽기 포인트는 뒤집지 않기!

분량

25~30개

재료

양배추(또는 배추) 300g, 소금 1작은술, 부추 60g, 생강 10g, 돼지고기 다짐육 150g, 만두피 25~30장, 참기름 1/2큰술, 식용유 적당량

— 양념

간장 1큰술, 청주 1큰술, 다진 마늘 1작은술, 머스코바도 설탕 2작은술, 참기름 2작은술, 미소 1작은술, 소금 1/2작은술, 후춧가루 약간

— 양념장

식초 2큰술, 간장 1/2~1큰술

만들기

1. 양배추는 4~5mm 크기 사각형으로 잘라 물에 씻은 다음 물기를 제거한다. 볼에 넣고 소금을 뿌려 10분 정도 절였다 물기를 꼭 짠다.
2. 부추는 2mm 길이로 잘게 썰고, 생강은 껍질을 벗겨 다진다.
3. 볼에 돼지고기와 양념 재료를 넣고 찰기가 생길 때까지 힘껏 치댄다.
4. 3에 양배추, 부추, 생강을 넣고 잘 섞은 다음 1시간 정도 냉장실에 넣어 재운다.
5. 왼쪽 손바닥에 만두피를 놓고 가운데에 4의 만두소를 올린 다음 피 가장자리에 물을 바른다. 만두피가 소를 감싸도록 반으로 접어 오른손 엄지와 검지로 한쪽 끝부터 꽉 누르면서 주름을 잡아 빚는다. 나머지도 같은 방식으로 모두 만두를 빚는다.
6. 팬에 식용유를 두르고 만두를 가지런히 둥글게 놓아 중불로 굽는다.
7. 팬 바닥에서 구워지는 소리가 작게 들리면 1분 정도 더 굽다가 뜨거운 물 100ml를 팬에 두른다. 약불로 줄여 뚜껑을 덮고 5분 동안 찐다.
8. 뚜껑을 열고 물이 남아 있으면 불을 조금 높여 수분을 완전히 날린다. 물이 없어지고 크게 '탁탁' 소리가 나면 참기름을 팬 가장자리에 두른다.
9. 중불로 불 조절을 하며 껍질이 단단하고 노릇노릇해질 때까지 굽는다.
10. 넓은 뒤집개를 사용해 만두를 그릇에 옮기고 양념장을 곁들인다.

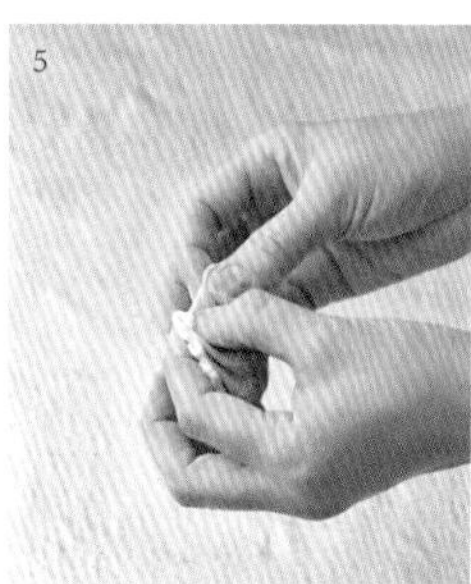

로스트비프 생강 무침

ローストビーフの生姜和え 로스토비후노쇼가아에

로스트비프는 프렌치 셰프인 아버지께 레시피를 전수받아 자주 굽습니다. 아버지께서는 집에서 스테이크를 자주 만들어 주셨지만, 나는 로스트비프의 식감을 더 좋아했어요. 게다가 로스트비프용 소고기 한 덩이가 냉장실에 있으면 샌드위치나 간단한 술안주 등을 손쉽게 만들 수 있어 꽤 든든하답니다.
이 레시피는 로스트비프용 소고기를 큐브 모양으로 잘라 시소, 생강, 쪽파와 함께 무쳐 간단한 손님맞이 요리를 만들어봤습니다.

분량

4~6인분

재료

소고기 설기살(또는 보섭살) 400g, 소금 2작은술, 올리브유 1작은술, 간장 3큰술, 생강 5g, 굵은 쪽파 3줄기, 시소 5장

만들기

1. 소고기는 덩어리로 준비해 상온에 30분 정도 꺼내두었다가 소금 1작은술을 뿌린다.
2. 팬을 달궈 올리브유를 두르고 강불로 고기를 굽는다. 양면이 노릇해지면 중약불로 낮추고 가끔 뒤집으며 6분 정도 더 굽는다.
3. 고기 중간 부분을 찔렀다 뺀 칼에 손을 대어보아 따뜻한 느낌이 들면 고기를 꺼낸다.
4. 구운 고기를 알루미늄 포일로 감싸 10분간 휴지시킨다.
5. 팬에 남은 육즙에 간장을 넣고 한 번 끓였다 식힌다.
6. 지퍼백에 구운 고기와 5의 소스를 담는다. 1시간 정도 상온에서 재워 로스트비프를 완성한다.
7. 로스트비프를 1.5cm 크기 큐브 모양으로 자른다.
8. 생강은 곱게 다지고, 쪽파는 작게 자른다. 시소는 굵게 다진다.
9. 볼에 자른 로스트비프와 생강, 소금 1작은술을 넣고 버무린 다음 시소와 쪽파를 넣고 섞어 그릇에 담는다.

6

대구 시로 미소 구이

タラの西京焼き 타라노사이쿄야키

꽤 오래 전, 도쿄 츠키지 시장에서 대구를 사이쿄 미소로 양념해 구운 사이쿄야키를 맛있게 먹었습니다. 그 맛을 재현해 보려 했지만 딱 그 맛은 나오지 않더군요. 아마도 갓 잡은 싱싱한 대구를 바로 양념했을 때만 낼 수 있는 특별한 맛이었나 봅니다. 이 요리는 염분이 적고 당분이 많은 일본 시로 미소로 양념을 만들어 생선에 발라 굽습니다. 쌀누룩이 듬뿍 들어간 미소라 누룩 향이 감돌면서 냄새도 좋고 빛깔도 예쁩니다. 연어를 구워도 맛있습니다. 양념을 바른 생선은 팬보다는 오븐이나 에어 프라이어에 굽는 것이 더 효율적이에요.

분량

2~3인분

재료

대구 살 3조각(조각당 120~150g), 소금 1/2작은술

— 양념

시로 미소(사이쿄 미소) 100g, 간장 1큰술, 청주 1큰술, 미림 1큰술

만들기

1. 대구 살은 껍질이 붙은 것으로 준비해 소금을 양면에 뿌리고 30분간 냉장실에 넣어둔다.
2. 볼에 양념 재료를 섞는다.
3. 대구 살의 물기를 제거한 후 지퍼백에 양념과 함께 넣어 냉장실에서 반나절 재운다.
4. 재운 대구 살을 꺼내 양념을 손으로 훑어낸 다음 오븐이나 에어 프라이어에서 약불로 4~5분간 굽고 뒤집어서 4~5분 정도 더 굽는다.

우엉 볶음

きんぴらごぼう 킨피라고보우

채 썬 뿌리채소를 설탕, 간장, 미림이나 술, 고춧가루, 참기름으로 달콤하고 칼칼하게 볶은 킨피라. 일본 대표 반찬 중 하나로, 요리 교실에서도 인기 만점인 레시피입니다. 한국도 이와 비슷한 요리가 있지만, 단맛과 식감이 조금 달라요. 채소를 싫어하는 두 아들이 연근으로 만든 킨피라는 잘 먹어주어 우리 집에서는 주야장천 볶고 있습니다. 우엉은 칼로 연필 깎듯이 돌려 깎거나 필러로 깎으면 알싸한 맛이 더 살아납니다.

분량

2~3인분

재료

우엉 1개(150g), 가다랑어포 다시 1큰술, 참깨 1큰술, 식용유·참기름 약간씩

— 양념

간장 2큰술, 머스코바도 설탕 2큰술, 청주 1/2큰술

만들기

1. 우엉은 껍질을 칼등으로 긁어낸 후 필러나 칼로 연필 깎듯이 돌려 깎는다. 변색을 방지하기 위해 바로 물에 담근다.
2. 볼에 양념 재료를 섞는다.
3. 우엉은 채반에 건져 물기를 뺀다.
4. 팬에 식용유와 참기름을 두르고 우엉을 넣어 볶다가 다시를 넣고 중불로 볶는다.
5. 다시가 어느 정도 졸아들면 2의 양념을 넣고 수분이 없어질 때까지 볶는다.
6. 그릇에 담고 참깨를 뿌린다.

여주 두부 볶음

ゴーヤーチャンプルー 고야참푸르

오키나와를 대표하는 메뉴인 참푸르는 오키나와 방언으로 두부와 채소를 기름으로 볶은 요리를 의미해요. 최근 일본에서는 성인병 예방에 효과가 있는 여주와 두부 조합이 단연 인기를 끌고 있지만, 원래 오키나와에서는 돼지고기 대신 스팸이나 참치, 여주 대신 양배추, 숙주, 갓, 부추, 수세미, 파파야 등 다양한 재료를 조합해 만드는 요리랍니다. 일반 두부는 물론이고 두유를 응고한 기누고시 두부, 냉동 건조한 고야 두부 등을 취향에 따라 골라서 사용할 수 있습니다. 맛은 간장, 소금으로 심플하게 내면 됩니다.

분량

2~3인분

재료

부침용 두부 1/2모(150~200g), 여주 1개(200g), 돼지고기 삼겹살 100g, 달걀 1개, 소금·후춧가루·식용유 적당량

— 양념

여주 절임 : 설탕 1작은술, 소금 1/4작은술

볶음 : 청주 1큰술, 간장 1큰술

만들기

1. 두부는 키친타월이나 면포에 싼 다음 무게감이 있는 접시를 올려 1시간 정도 물기를 뺀다. 물기가 빠지면 손으로 으깬다.
2. 여주는 양끝을 자르고 세로로 반 갈라 씨와 속을 제거한 후 5mm 두께로 슬라이스한다.
3. 볼에 여주와 절임 양념을 섞은 다음 5분 정도 두어 여주의 쓴맛을 제거한다.
4. 삼겹살은 1cm 폭으로 자르고 소금, 후춧가루를 뿌린다.
5. 달군 팬에 식용유를 두르고 으깬 두부가 노릇해질 때까지 중불로 볶는다.
6. 두부를 건져내고 같은 팬에 식용유를 둘러 중약불에 3의 여주를 볶는다. 여주의 수분이 거의 날아가면 팬에서 꺼낸다.
7. 같은 팬에 식용유를 두르고 4의 삼겹살을 굽는다. 노릇하게 익으면 볶은 두부와 여주, 볶음 양념을 넣고 중불로 볶는다.
8. 달걀을 풀어 7의 팬에 붓고 10초간 기다리다 젓가락으로 섞는다. 싱거우면 소금으로 간한다.

오코노미야키

お好み焼き 오코노미야키

오코노미야키는 히로시마와 오사카는 물론이고 일본 전역에서 특산 재료로 자기 지역 맛을 낼 정도로 친근하고 대중적인 음식입니다. 일본어로 '오코노미'는 '좋아하는', '기호의'라는 뜻인데, 이름처럼 취향에 맞게 재료를 골라 원하는 크기로 만들면 됩니다. 양배추, 대파 등 채소는 항상 듬뿍! 여기에 고기, 달걀 등 취향에 따라 고른 재료를 더하면 영양가 높고 든든한 한 끼 식사가 됩니다. 오코노미야키 소스는 마트에서 쉽게 구할 수 있어요.

분량

지름 20~22cm 3장

재료

돼지고기 삼겹살 150g, 양배추 1/2개(400g), 대파 50g, 건새우 15g, 식용유 적당량

— 반죽
마 50g, 달걀 1개, 물 200ml, 밀가루 100g, 혼다시 가루 1작은술

— 토핑
오코노미야키 소스·마요네즈·가다랑어포·감태 가루 적당량, 초생강 약간

만들기

1. 마는 껍질을 두껍게 벗겨 강판에 간다.
2. 볼에 간 마와 달걀을 섞다가 물 100ml를 넣고 계속 섞는다. 밀가루, 혼다시 가루를 더해 덩어리지지 않도록 거품기로 잘 젓는다. 남은 100ml의 물을 조금씩 부으며 반죽이 매끈해질 때까지 잘 섞는다.
3. 삼겹살은 잘게 자르고, 양배추는 3cm 크기 사각형으로 썬다. 대파는 송송 썬다.
4. 2의 반죽에 삼겹살, 양배추, 대파, 건새우를 넣고 대강 섞는다.
5. 강불로 달군 팬에 식용유를 두르고 반죽을 1/3 정도 올려 동그랗게 모양을 잡는다. 중불로 낮춰 뚜껑을 덮고 찐다.
6. 반죽의 윗면이 하얗게 익고 아랫면도 노릇해지면 뒤집개로 뒤집는다. 반대쪽도 노릇하게 굽는다.
7. 윗면에 오코노미야키 소스를 바르고 마요네즈를 뿌린다.
8. 그릇에 담고 가다랑어포와 감태 가루를 뿌려 초생강을 곁들인다. 남은 반죽도 같은 방식으로 굽고 토핑을 뿌려 완성한다.

구이와 볶음

일본 요리 구이의 정석

(첫째) **한 박자 빨리 불 끄기** — 고기나 생선은 덜 익을까 걱정하다 필요 이상으로 구울 때가 많습니다. '살짝만 더 구우면 되겠어'라는 생각이 들 때 바로 불을 끄세요. 그러면 그릇에 담고 식탁에 놓는 시간 동안 딱 먹기 좋은 상태가 됩니다. 두툼한 고기는 굽기 전에 미리 30분 정도 상온에 꺼내두세요. 고기 겉과 속의 온도 차이를 줄여 전체를 균일하게 구울 수 있습니다.

(둘째) **소금 뿌리는 시간은 제각각** — 생선에 소금을 뿌리면 불필요한 수분과 비린내가 빠지면서 살이 단단해지고 맛이 응축됩니다. 굽기 30분 전에 소금을 뿌리고 빠져나온 수분을 키친타월로 닦아 비린내를 제거해 주세요. 반면에 고기는 수분이 빠질수록 딱딱해지고 맛이 없어지므로 굽기 직전에 소금을 뿌려 육즙을 살리는 것이 좋습니다.

(셋째) **양념 양은 넉넉하게 재우는 시간은 여유 있게** — 일본의 구이 요리는 양념을 미리 해서 굽는 경우가 많습니다. 유안야키 같은 생선구이는 양념에 생선을 20분 이상 재워 맛이 배게 하는 것이 포인트입니다. 양념 양은 재료가 확실히 잠길 정도로 준비하고, 구울 때는 양념을 잘 털어낸 뒤 굽다가 필요하면 양념을 더 바릅니다. 팬에서 구울 때는 양념을 부어 조리듯 굽는 데리야키 방식으로 조리하세요.

(넷째) **생선구이의 포인트는 곁들임** — 조리법이 단순한 일본식 생선구이는 곁들임인 아시라이가 중요합니다. 아시라이는 계절감을 중시하는 일본 요리에서 빼놓을 수 없는 향미 채소(파, 양하, 시소 등)와 감귤류, 국화, 호두 등을 아울러 칭하는 말입니다. 그 외에도 어울리는 곁들임은 참 많습니다. 살짝 칼칼한 겨자장 무침이나 간 무, 새콤한 레몬이나 영귤, 매실이나 밤, 금귤 설탕 절임, 살짝 단맛이 나는 초절임, 밑반찬 등… 어떤 것을 곁들이더라도 신기하게 담백한 생선구이와 잘 어울립니다.

일본 요리 볶음의 정석

(첫째) **자주 뒤적이지 말 것** — 볶음 요리를 할 때는 팬에 재료를 넣고 '잠시 시간 두기'를 잊지 마세요. 볶음은 재료를 추가할 때마다 팬의 온도가 낮아지는데, 주걱으로 이리저리 뒤섞으면 저온 상태가 더 길어져 재료에서 수분이 나와 질척해지고 식감이 떨어집니다. 재료를 섞거나 팬을 움직이는 타이밍은 조미료나 술을 추가할 때라는 것을 기억하세요!

(둘째) **볶는 순서를 정해서** — 달걀을 넣는 볶음 요리의 경우, 반드시 달걀을 제일 먼저 볶아 꺼내둡니다. 그리고 향을 살리고 싶다면 향이 강한 마늘이나 생강을 먼저 넣고 고기를 볶습니다. 채소는 단단한 것부터 넣는 것이 요령이에요. 청경채와 같은 심과 잎 부분으로 나뉘는 재료는 두 부분을 따로 잘라 심 부분을 먼저 볶고 그 후에 잎 부분을 볶아줍니다. 또 양배추, 콩나물 등 아삭한 식감을 살리고 싶은 채소는 마지막에 넣어주세요.

재료 알아가기

여주 | ゴーヤ 고야

여주는 쓴맛 강한 여름 채소로, 일본 오키나와와 남규슈 지역에서 오랫동안 즐겨 먹어 오키나와 이름인 '고야'로 불립니다. 비타민 C가 풍부하고, 쓴맛 성분이 식욕 증진 작용을 하여 여름에 열심히 먹고 싶은 채소예요. 혈당을 낮추는 데도 도움이 됩니다. 오키나와의 대표 요리인 여주 두부 볶음은 물론이고 튀김, 나물, 조림 등 다양하게 요리해도 좋습니다. 여주 씨와 흰 속 부분을 잘 긁어내고 소금으로 문질러 물기를 빼면 쓴맛이 줄어 더 먹기 편해집니다. 뜨거운 물을 끼얹거나 살짝 데치는 것도 좋은 방법입니다.

도구 살펴보기

달걀말이 프라이팬 | 卵焼き用フライパン 타마고야키요오후라이판

일본 가정에 꼭 하나씩 있는 달걀말이용 각진 프라이팬. 셰프들이 많이 쓰는 동 소재는 열전도율이 높고 빠른 시간에 균일하게 가열되어 촉촉한 달걀말이를 만들 수 있습니다. 단, 팬을 적절한 온도로 가열해서 써야 해요. 일반 가정에서는 코팅 사각 프라이팬이 적당하지만 사용하다 보면 바닥이 벗겨져 정기적으로 교체해야 합니다. 철제 달걀말이 팬도 있지만 열 조절이나 기름 두르는 기술이 필요해 초보자에게는 적합하지 않아요.

석쇠 | 焼き網 야키아미

작은 석쇠가 하나 있으면 생선, 채소, 토스트, 떡, 오징어나 육포 등을 간단히 직화로 구워 먹을 수 있어 편리합니다. 채소를 껍질째 구워야 할 때도 유용하고요. 특히 일본 제품 중에는 망 밑에 세라믹 플레이트가 붙어 있어 원적외선 효과로 재료의 풍미를 살리고, '겉바속촉'으로 구워주는 석쇠도 있습니다.

국 하나, 반찬 셋? 국 하나, 반찬 하나!

고열에 시달리다 열이 내려 식욕이 조금 생겼을 때, 해외에서 오랜만에 고국에 돌아왔을 때, 혹은 최후의 만찬을 앞두고 있을 때 사람들은 무얼 먹고 싶어 할까? 나는 따뜻한 밥에 미소시루, 연어 소금 구이와 츠케모노(일본식 장아찌)가 떠오른다. 한국인이라면 밥에 된장찌개와 김치가 생각날까? 한국과 일본, 두 나라 식탁의 기본이 이렇게나 비슷하건만, 이런저런 면에서 서로 다른 식문화를 경험해 온 나는 한국에 산 지 30년, 한국인으로 귀화한 이후에도 여전히 일본식 입맛을 유지하는 것 같다. 밥에 미소시루, 오이나 가지 츠케모노처럼 일본 식탁의 기본인 '국 하나, 반찬 하나', 몸에 조용히 스며드는 그 맛으로 늘 돌아가니 말이다.

일본 요리에는 먼저 밥이라는 주식이 있다. 그리고 미소시루는 일본 요리의 기본인 다시에 오랜 시간 발효시킨 미소라는 조미료, 그리고 사계절의 채소를 더해 한 그릇에 시간과 계절을 담아낸 완벽한 반찬이다. 여기에 계절 채소를 절인 츠케모노를 더하면 간단하면서도 손님 접대에도 손색없는 한 끼 식사가 완성된다. 물론 손님용 요리라고 생각하면 생선이나 고기 반찬이 하나, 둘 늘어나곤 하지만.

일본에서는 오랫동안 '국 하나, 반찬 셋'이라는 말이 전해져 내려왔다. 미소시루를 활용한 한 가지 국과 세 가지 반찬을 준비해 식사를 차리는 방식을 뜻한다. 국은 미소시루나 그 밖의 국물, 주 반찬은 고기나 생선 요리, 보조 반찬은 시금치무침 등의 곁들임 반찬이 포함된다. 여기에 주식인 흰밥을 더한 '국 하나, 반찬 셋'은 탄수화물, 지방, 단백질, 비타민, 미네랄 등 5대 영양소가 모두 포함된 균형 잡힌 식단을 추구한다. 이러한 일본의 전통적인 식단은 장수와 비만 방지에도 기여하며, 세계적으로도 주목받고 있다. 2013년에는 일본 요리인 와쇼쿠가 유네스코 무형문화유산으로 등록되기도 했다.

'국 하나, 반찬 셋'을 기본으로 하는 일본 요리는 손님을 대접할 때 가짓수를 늘려 '국 하나, 반찬 넷'으로 구성되기도 하고 상황에 따라 가짓수를 줄여 차리기도 한다. 그런데 특별한 반찬이 없어도 일본 식탁은 언제나 밥과 국 한 그릇, 작은 반찬으로 시작된다는 것을 강조하는 '국 하나, 반찬 하나'라는 개념이 최근 식문화 전문가들 사이에서 제안되고 있다. 한국에도 2018년에 출간된 책 <심플하게 먹는 즐거움(一汁一菜でよいという提案)>에서 저자 도이 요시하루는 육아에 쫓기거나 업무가 과중해 요리에 시간을 할애하기 어려운 이들에게

'국 하나, 반찬 하나'를 추천하며 간단하면서도 영양이 풍부한 식단으로 실천할 수 있음을 강조했다.

큰아들이 취직 후 집과 회사만 오가며 운동을 소홀히 하다가, 결국은 독립해 회사 가까운 곳에서 자취 생활을 시작한 지 어느새 1년. 처음에는 외식, 배달 음식으로 식생활이 무너져 점점 살이 찌더니, 요즘에는 확연히 살이 빠졌다. 가끔 만나면 "반찬을 사긴 해도 저녁은 집에서 만들어 먹어요" 한다. 자기가 신경 써서 식사를 챙겨 먹는다는 사실만으로도 부모는 크게 마음이 놓인다.

나도 피곤하거나 요리하는 게 귀찮을 때는 외식을 한다. 체력을 유지하기 위해 영양제도 챙겨 먹는다. 그래도 늘 뭔가 찜찜하다. 최선을 다해 일하면서도 스트레스를 받고, 마음의 균형을 잡기 어려운 현실. 대단한 일을 하기는 어렵지만, 적어도 나 자신을 지키기 위해 꼭 챙겨야 할 것은 '매일의 식사'가 아닐까? 일상에서 중요한 것은 자신을 위해 차리는 식탁의 기본을 파악하는 것일지도 모른다.

'국 하나, 반찬 셋'은 가끔이면 충분하다. 보통 때는 '국 하나, 반찬 하나'만으로도 좋다. 가족과 자신을 위해 밥을 짓고, 미소시루를 끓여보자. 미소시루 대신 된장찌개라도 상관없다. 꼭 밥이 아니어도 된다. 좋아하는 바게트, 냉장고에 남은 나물과 함께 화이트 와인을 곁들이면 훌륭한 '국 하나, 반찬 하나'가 완성되니까. 그때그때 자기 몸의 소리에 귀를 기울이고 필요한 것들을 챙기면 되는 일이다.

Chapter
5

튀김

揚げ物 아게모노

바삭바삭 촉촉한 가라아게, 와삭와삭 식감 좋은 덴푸라, 아작아작 고소하고 든든한 후라이. 갓 튀겨서 먹는 이 행복감은 집에서 튀길 때 비로소 진가를 발휘합니다. 기름을 적게 해서 튀겨도 충분히 맛있어요. 튀김은 높은 온도의 기름으로 튀김옷이나 식재료가 품은 수분을 날려 보내면서 풍미와 단맛, 식감 등 고유의 맛을 극대화하는 요리입니다. 냉장고 속 남은 재료를 잘게 썰어 튀김옷을 입혀 튀기는 가키아게, 채소를 튀김옷 없이 바로 튀기는 스아게, 어머니께서 도시락 반찬으로 자주 싸주셨던 닭가슴살에 김을 말아 튀기는 이소베아게, 감자 전분을 살짝 뿌려 가볍게 튀기는 다쓰타아게, 뿌리채소를 갈아서 감자 전분으로 굳혀 튀기는 튀김 스리도로시아게 등 일본 요리 속 튀김의 세계는 정말 무궁무진합니다.

구르메 레브쿠헨 요리 교실에서는 거의 매 수업마다 뭔가를 튀겨 먹습니다. 갑자기 8인분의 닭튀김을 맡기면 대부분의 수강생들은 처음엔 겁을 내거나 빨리 튀기려고 서두르며 허둥대곤 하죠. 하지만 이들도 매시간 작은 노하우를 익히면서 결국에는 어려운 산채 튀김까지 정말 맛있게 튀겨냅니다. 네, 뭐든 경험이 중요합니다. 간단한 기술과 몇 가지 포인트를 잘 지키면 집에서도 맛있는 튀김을 부담 없이 즐길 수 있어요.

튀김

天ぷら 덴푸라

일본식 튀김인 덴푸라는 16세기에 포루투갈 선교사들이 나가사키 지역에 전수한 것이 시초라고 전해집니다. 나가사키 덴푸라는 물 없이 밀가루, 달걀, 술, 설탕, 소금을 섞어 튀김옷을 만들어요. 두툼한 튀김옷에도 간이 제대로 되어 있어 재료와 튀김옷 모두 맛있게 먹을 수 있죠. 에도 시대에 이르러 기름 생산량이 늘어나면서 서민들도 튀김을 즐기게 되었습니다. 튀김은 천천히 온도를 높여가며 튀기면 재료의 단맛과 향이 더욱 살아납니다.

분량

2인분

재료

꽈리고추 8개, 표고버섯 2개(30g), 고구마 1개(200g), 연근 200g, 단호박 150g, 새우 4마리, 시소 2장, 튀김유 800ml, 덧가루용 밀가루 적당량

— 튀김옷

달걀노른자 1개, 찬물 200ml, 박력분 120g,

— 튀김 간장

가다랑어포 다시 160ml, 간장 40ml, 미림 40m

— 곁들임

간 무, 소금, 초피 가루 등

☞ 재료에서 튀김옷은 달걀노른자 1개 기준 분량으로, 튀기는 양에 따라 재료 비율을 유지하며 조정할 수 있다.

만들기

1. 튀김 간장 재료를 냄비에 넣고 중강불로 한소끔 끓인 후 약불로 줄여 1분 정도 더 끓여 미림의 알코올을 날린다.
2. 꽈리고추는 이쑤시개로 몇 번 찌르고, 표고버섯은 기둥을 자르고 표면에 칼집을 넣어 모양을 낸다.
3. 고구마는 양끝을 자르고 1cm 두께로 어슷하게 썬다. 연근은 껍질을 벗겨 6~7mm 두께로 슬라이스한다.
4. 단호박은 무른 속을 긁어내고 7~8mm 두께로 썰어 반으로 자른다.
5. 새우는 머리와 꼬리 쪽 1마디를 남기고 껍데기를 벗긴다. 튀길 때 기름이 튀지 않도록 꼬리 양 갈래 사이 물주머니를 자르고 칼로 눌러 수분을 뺀다. 등에 칼집을 넣어 내장을 빼고 흐르는 물에 씻은 후 물기를 제거한다.
6. 준비된 모든 재료에 덧가루를 뿌린다. 시소는 한쪽 면에만 덧가루를 뿌린다.
7. 볼에 달걀노른자를 넣고 찬물을 부으며 거품기로 섞는다. 박력분을 넣으며 가루가 눈에 보일 정도로 대충 섞는다. 박력분은 한 번에 다 넣지 않고 반죽 상태를 보면서 더한다.
8. 튀김유를 170~175℃로 가열하고 고구마, 연근, 단호박에 튀김옷을 입혀 튀긴다. 튀기는 도중 자주 뒤집지 말고, 튀기는 소리가 작아지면 꺼낸다.
9. 표고버섯에 튀김옷을 입혀 갓의 윗면을 먼저 1분 정도 튀긴 후 뒤집어 1분간 튀기고 한 번 더 뒤집어 1분 정도 튀긴다.
10. 새우는 튀김옷을 입혀 냄비의 가장자리에서 넣어 1분 30초 정도 튀긴다.
11. 꽈리고추는 튀김옷을 입혀 기름에 넣고 익으면 바로 꺼내 기름을 뺀다.
12. 시소는 덧가루를 바른 쪽만 튀김옷을 묻혀 바삭해질 때까지 튀긴다.
13. 기름종이를 깐 그릇에 튀김의 겉면이 보이게 담는다. 새우는 배쪽이 겉면이다. 튀김 간장, 간 무, 소금, 초피 가루 등을 취향대로 곁들인다.

닭튀김

鶏の唐揚げ 토리노가라아게

밑간한 재료에 밀가루와 전분 등을 살짝 뿌려 기름에 튀겨내는 가라아게. 간장으로 밑간하고 전분만 입혀 튀기는 다쓰타아게와 구별 짓기도 하지만, 전분을 사용하면 모두 가라아게라고 부르기도 합니다. 가라아게는 밑간하는 양념이 다양합니다. 이 레시피에서는 간장 대신 누룩 소금과 참기름으로 깔끔하게 밑간하고, 밀가루와 전분을 같은 비율로 섞었습니다. 바삭하고 촉촉한 가라아게를 원한다면 두 번 튀겨주세요. 튀긴 후에 바로 식힘망에 올려 기름을 빼면 육즙이 잘 잡히고 고기가 보들보들해집니다.

분량

2인분

재료

닭다리살 350g, 튀김유 800ml

— 양념

누룩 소금 1큰술(또는 소금 1작은술), 간 생강 1큰술, 참기름 2작은술, 청주 1큰술, 후춧가루 적당량

— 튀김옷

전분 2큰술, 밀가루 2큰술

— 곁들임

레몬

만들기

1. 닭다리살은 10분 전에 상온에 꺼내두었다 껍질째 3~4cm 정도 한입 크기로 자른다.
2. 볼에 양념 재료를 섞은 다음 닭다리살을 넣고 15분 정도 재운다.
3. 튀김옷 재료를 섞어 닭다리살에 고루 묻힌다. 만약 튀김옷 양이 부족하면 재료 비율을 유지하며 가루를 추가한다.
4. 튀김유를 160~170℃로 가열해 닭다리살을 튀긴다. 껍질을 잘 펼치고 모양을 정돈해 기름에 넣으면 고루 익고 튀긴 후에 보기 좋다.
5. 불을 조금 세게 해 3분 정도 튀기다가, 불을 더 강하게 올려 180℃가 될 때까지 튀긴다. 튀기는 총 시간을 7~9분 정도로 잡고, 이와 같이 두 단계로 온도를 조절하며 튀기면 겉은 바삭하고 속은 촉촉하다.
6. 튀김의 기름을 잘 빼고 그릇에 담아 레몬 조각을 곁들인다.

돼지고기 전분 튀김

豚肉の竜田揚げ 부타니쿠노다쓰타아게

간장으로 밑간한 뒤 전분을 묻혀 튀기는 다쓰타아게. 이 요리 이름은 단풍으로 유명한 나라현의 다쓰타가와강에서 유래되었습니다. 튀김옷의 하얀 부분과 간장이 묻은 붉은 부분의 색감이 마치 강물 위에 떨어진 단풍잎이 물살에 스르르 떠내려가는 모습과 비슷해 붙여졌어요. 같은 조리법으로 닭다리살이나 갈치 같은 흰 살 생선으로도 도전해 보세요. 우메보시와 고추장을 섞은 우메장을 곁들이면 더욱 좋습니다.

분량

2~3인분

재료

돼지고기 목살 250g, 꽈리고추 8개, 영귤 또는 라임 2개, 스피어민트 5g, 튀김유 500ml, 전분 적당량, 굵은소금 약간

— 양념

미림 1작은술, 간장 2작은술

— 우메장

홍고추 2개, 우메보시 2개, 고추장 1큰술, 생강 5g, 마늘 1쪽, 올리브유 4큰술

만들기

1. 볼에 양념 재료를 섞은 후 돼지고기를 넣고 버무려 10분 정도 재운다.
2. 홍고추는 씨를 제거하고 우메장의 나머지 재료와 함께 푸드 프로세서로 굵게 간다. 씹는 맛이 있는 소스를 선호한다면 홍고추, 생강, 마늘을 칼로 다져 넣어도 된다.
3. 꽈리고추는 씻어 물기를 닦고 이쑤시개로 군데군데 찌른다.
4. 영귤은 1개는 즙을 내고 1개는 얇게 슬라이스한다. 스피어민트 잎은 굵게 다진다.
5. 꽈리고추를 1분간 튀기고 건져내어 기름을 뺀다.
6. 재운 고기에 전분을 얇게 묻히고 1장씩 팬에서 튀기다가 색이 노릇해지면 건져내어 기름을 뺀다.
7. 그릇에 튀긴 고기와 꽈리고추를 담고 영귤즙, 굵은소금을 뿌린다.
8. 슬라이스한 영귤과 다진 스피어민트 잎을 올리고 우메장을 곁들인다.

해물 채소 튀김

かき揚げ 가키아게

집에서는 덴푸라보다 이 가키아게를 자주 만들어 먹습니다. 냉장고에 남은 재료를 잘 조합해서 튀기면 되지만, 바삭하게 튀겨내는 일은 쉽지 않아요. 비결은 풍미와 식감이 다른 재료를 잘 조합하는 것. 담백한 맛의 어패류에 색감을 고려해 제철 재료를 섞으면 좋습니다. 한 번에 넉넉하게 튀겨 한 개씩 냉동 보관한 뒤 우동이나 메밀 국수에 데워서 곁들이면 멋진 요리가 완성됩니다.

분량

8개

재료

참나물 8줄기(50g), 느타리버섯 150g, 키조개 살 100g, 건새우 30g, 밀가루 3~4큰술, 튀김유 800ml

— 튀김옷

달걀노른자 1개, 찬물 200ml, 박력분 120g

— 튀김 간장

가다랑어포 다시 160ml, 간장 40ml, 미림 40ml

— 곁들임

말돈 소금

☞ 재료에서 튀김옷은 달걀노른자 1개 기준 분량으로, 튀기는 양에 따라 재료 비율을 유지하며 조정할 수 있다.

만들기

1. 참나물은 3cm 길이로 자르고, 느타리버섯은 밑동을 잘라내고 가늘게 찢는다. 키조개 살은 물기를 빼고 굵게 다진다.
2. 볼에 달걀노른자를 넣고 찬물을 부으며 거품기로 섞는다. 박력분을 넣으며 가루가 눈에 보일 정도로 대충 섞는다. 이때 박력분을 한 번에 다 넣지 않고 반죽 상태를 보면서 더한다.
3. 다른 볼에 한 번에 튀길 1~2개 분량의 참나물, 느타리버섯, 키조개 살, 건새우를 넣고 밀가루를 살짝 뿌려 버무린다. 2의 튀김옷을 적당량 넣어 젓가락으로 섞는다.
4. 튀김유를 160℃로 가열하고 3의 반죽을 작은 국자로 떠서 손끝으로 둥글게 모양을 잡는다.
5. 손가락으로 반죽을 살짝 눌러 미끄러트리듯 기름에 넣는다. 30초 정도 튀기고 표면이 굳으면 뒤집는다.
6. 튀김 중앙을 거름망으로 누르면서 젓가락으로 가장자리를 안쪽으로 접어 가운데가 오목해지도록 만든다. 이렇게 하면 뒤쪽 면이 볼록해진다. 남은 반죽도 같은 방식으로 튀기는데, 하나씩 넣어 어느 정도 단단하게 익으면 다음 반죽을 기름에 넣는 식으로 시간 차를 둔다.
7. 기름종이를 깐 그릇에 튀김의 볼록한 면이 위로 오도록 담고 튀김 간장을 만들어 따로 담아낸다. 기호에 따라 말돈 소금을 곁들인다.

쓰유에 담근 채소 튀김

野菜の揚げびたし 야사이노아게비타시

내가 가장 좋아하는 튀김 요리는 여름 채소를 튀겨 쓰유에 담가 먹는 아게비타시입니다. 갖가지 재료를 튀김옷 없이 튀겨 '쨍'한 맛의 쓰유에 퐁당 담급니다. 커다란 쟁반에 생강 같은 향미 채소와 함께 듬뿍 담아내면 고기, 생선 요리가 부럽지 않은 근사한 요리가 탄생합니다. 여기에 차가운 소면이나 식감 좋은 우동을 곁들인다면 그야말로 여름날 오후, 반짝 빛나는 행복한 순간이 찾아옵니다.

분량

2~3인분

재료

가지 1개(150g), 단호박 100g, 꽈리고추 10개, 튀김유 800ml~1L

— 쓰유

가다랑어포 다시 400ml, 간장 3큰술, 미림 3큰술, 머스코바도 설탕 2큰술, 소금 적당량

— 곁들임

소면 또는 우동

만들기

1. 가지는 꼭지를 떼고 길게 반으로 갈라 2~3등분한다. 물에 10분 정도 담갔다 꺼내 키친타월로 물기를 닦는다.
2. 단호박은 씨를 제거하고 6~7mm 두께로 자른다.
3. 꽈리고추는 씻어 꼭지를 떼고 물기를 닦아 이쑤시개로 군데군데 찌른다.
4. 튀김유를 170~180℃로 가열해 꽈리고추, 단호박, 가지 순으로 튀긴다. 한꺼번에 많이 넣지 말고 3~4개씩 넣어서 튀긴다.
5. 냄비에 쓰유 재료를 넣고 한소끔 끓여 그대로 식힌다.
6. 그릇에 쓰유를 붓고, 튀긴 채소들이 뜨거울 때 담근다. 바로 먹어도 되고, 냉장실에 넣어두었다 차갑게 먹어도 좋다. 소면, 우동 등 면을 삶아서 함께 곁들이면 든든한 한 끼가 된다.

고등어 난반즈케

サバの南蛮漬け 사바노난반즈케

전분을 묻혀 튀긴 생선이나 닭고기, 튀김옷 없이 튀긴 채소를 고추와 파가 들어간 달달한 식초 소스에 담그는 난반즈케. 생선의 경우, 식초가 들어간 난반스에 오래 담그면 뼈까지 먹을 수 있어요. 튀김이 식으면서 소스가 깊숙이 스며드니 튀김이 뜨거울 때 바로 담가주세요. 일본어에서 '난반'은 무로마치·에도 시대에 걸쳐 일본에 들어온 포르투갈, 스페인 사람들의 문화를 가리킵니다. 그들이 전파한 허브, 향신료, 오일을 사용한 조리법이 난반즈케라는 이름으로 이어져 내려왔습니다.

분량

4인분

재료

적양파 1개(200g), 양파 1/2개(100g), 셀러리 줄기 1대(70g), 홍고추 1개, 고등어 2마리, 소금 1~2작은술, 전분 100g, 튀김유 800ml

— 소스

<u>난반스</u> : 가다랑어포 다시 300ml, 현미식초 120ml, 머스코바도 설탕 3큰술, 연한 간장 3큰술, 소금 1작은술, 영귤 또는 라임 슬라이스 1개

만들기

1. 적양파와 양파는 슬라이서로 얇게 썰어 물에 잠시 담갔다 물기를 뺀다. 셀러리는 가늘게 채 썰고, 홍고추는 씨를 제거하고 얇게 채 썬다.
2. 냄비에 난반스 재료를 모두 넣고 한소끔 끓여 사각 트레이에 붓는다.
3. 고등어는 3장뜨기한 다음 소금을 뿌려두었다 물기를 닦고 전분을 묻힌다.
4. 튀김유를 160~170℃로 가열하고 고등어를 노릇하게 5분 정도 튀긴다.
5. 튀긴 고등어가 뜨거울 때 난반스에 넣고 1의 채소를 올린 다음 랩을 씌워 1시간 이상 둔다.
6. 그릇에 고등어를 적당한 크기로 잘라 담고 난반스의 채소도 함께 올린다.

삼치 츠쿠네 튀김

サワラのつくね揚げ 사와라노츠쿠네아게

츠쿠네의 어원은 손으로 반죽해 모양을 빚는다는 뜻의 '츠쿠네루'에서 유래되었습니다. 재료를 반죽해 동그란 모양, 꼬치에 꽂는 봉 모양, 편평한 모양 등 여러 가지로 만들 수 있습니다. 이 레시피에서는 생선을 사용했지만, 한국 이자카야에서는 닭고기로 만든 츠쿠네를 자주 볼 수 있습니다. 조리법은 굽기, 튀기기, 조리기 등 다양합니다. 일본에서는 전갱이가 제철일 때 저렴하게 사서 만들어두면 좋은데, 한국에서는 삼치나 고등어로 대체할 수 있습니다.

분량

4인분

재료

삼치 살 400g, 대파 1대(100g), 김 적당량, 튀김유 800ml

— 양념

생강 5g, 달걀 1/2개, 전분 1~2큰술

— 곁들임

간장, 연겨자, 말돈 소금

만들기

1. 삼치 살은 가시를 완전히 제거해 한입 크기로 자른다.
2. 믹서에 생강을 넣고 갈다가 삼치 살과 나머지 양념 재료를 넣고 간다.
3. 대파는 굵게 다진다.
4. 볼에 2의 반죽과 다진 대파를 넣고 잘 섞어 8등분한다. 김도 8등분한다.
5. 8등분한 반죽을 동글납작한 모양으로 빚은 후 김을 붙인다.
6. 튀김유를 170℃로 가열해 5의 츠쿠네를 노릇하게 튀긴 뒤 기름을 잘 뺀다.
7. 기름종이를 깐 그릇에 담고 간장, 연겨자, 말돈 소금을 곁들인다.

멘치카츠

メンチカツ 멘치카츠

'멘치카츠' 하면 고등학교 시절, 하교하며 친구들과 근처 정육점에서 사 먹었던 기억이 떠오릅니다. 갓 튀긴 멘치카츠를 후후 불어 입안 가득 채워 넣던 순간… 벌써 40년 전 일이지만 그때 먹었던 육즙 가득한 맛은 지금도 잊을 수 없습니다. 멘치카츠는 고로케, 돈카츠, 햄버그스테이크와 같은 양식으로 분류됩니다. 다진 소고기와 돼지고기를 섞고 당근, 양파 등 채소를 듬뿍 넣어 맛이 순하고 부담스럽지 않아요. 고로케에 비해 튀김옷을 입히기가 까다롭지만, 먼저 반죽 물을 만들고 빵가루를 묻히는 노하우를 기억하면 쉽게 만들 수 있어요.

분량

6~7개

재료

양파 1/2개(100~150g), 소고기 다짐육 150g, 돼지고기 다짐육 150g, 튀김유 800ml

— 튀김옷

박력분 50g, 달걀 2개, 빵가루 100g

— 양념

청주 2큰술, 다진 마늘 1작은술, 소금 1작은술, 후춧가루 적당량

— 곁들임

채 썬 양배추, 돈카츠 소스, 간장, 연겨자 등

만들기

1. 양파는 7~8mm 크기로 다진다.
2. 볼에 박력분과 달걀을 넣어 덩어리지지 않도록 잘 섞는다.
3. 다른 볼에 다짐육과 양념 재료를 넣고 찰기가 생길 때까지 손으로 치대다가 다진 양파를 넣고 계속 치댄다. 처음에는 물기가 느껴질 수 있지만, 치댈수록 점점 찰기가 생긴다.
4. 반죽을 6등분해 동글납작하게 완자를 빚는다.
5. 사각 트레이에 빵가루를 붓고 완자 표면에 2의 반죽 물, 빵가루 순으로 고루 묻힌다.
6. 튀김유를 170~180℃로 가열해 완자를 튀긴다. 빵가루가 눅눅해지지 않도록 빵가루를 묻히자마자 바로 튀긴다.
7. 4~5분 정도 뒤집으면서 튀기고 노릇해지면 꺼내 기름을 뺀다.
8. 그릇에 담고 취향에 맞는 채소나 소스를 곁들인다.

튀김

일본 요리 튀김의 정석

(첫째) **고온에 살짝 튀길 때 나오는 최고의 단맛** — 튀김을 고온에서 튀기면 재료의 수분이 증발하면서 그 증기의 열로 튀김옷 속에서 재료가 쪄지고, 풍미와 단맛이 농축됩니다. 새우나 생선, 양파, 토마토처럼 수분이 많은 식재료는 튀김옷을 입혀 고온에서 빠르게 튀겨 바로 먹어야 최고의 맛을 즐길 수 있습니다. 특히 횟감으로 쓰이는 신선한 어패류는 고온에서 살짝 튀겼을 때 단맛이 최상으로 살아납니다. 튀기는 과정에서 비린내가 빠지기 때문에 특별한 밑 손질도 필요 없어요.

(둘째) **튀기는 순서와 양, 재료의 온도에 신경 쓰기** — 튀김을 할 때 먼저 튀기는 순서를 결정하세요. 꽈리고추와 돼지고기를 튀길 때는 꽈리고추를 먼저 튀기고, 전분을 묻힌 돼지고기를 나중에 튀겨야 합니다. 또 고기나 생선이 너무 차갑지 않게 상온에 꺼내두는 것도 속까지 잘 튀기기 위한 포인트예요. 튀길 때 한 번에 한두 개씩 넣고, 바로 뒤집지 말고 튀김옷이 단단히 익을 때까지 기다리세요.

(셋째) **소스나 조리 단계를 더해 새로운 맛을** — 튀김에 소스나 조리 단계를 더하면 새로운 맛이 탄생합니다. 달달하면서 새콤한 소스에 담글 수도 있고, 걸쭉한 전분 소스인 앙을 끼얹을 수도 있어요. 채소를 튀김옷 없이 바삭하게 튀긴 뒤 소스에 담그는 아게비타시도 있습니다. 어떤 소스든 갓 튀겨낸 후 뜨거울 때 끼얹거나 담가야 맛이 잘 어우러집니다.

튀김 온도의 기초

- **150~160°C 저온** — 감자와 고구마 등 단단한 채소, 두툼한 고기나 생선을 시간을 들여 튀길 때의 온도예요. 튀김용 젓가락 끝을 넣으면 한 호흡쯤 뒤에 작은 거품이 올라옵니다. 튀김옷 반죽을 떨어트리면 아래쪽까지 가라앉았다가 천천히 올라와요.
- **165~175°C 중온** — 덴푸라, 가라아게, 다쓰타아게 등 거의 모든 튀김에 적당한 온도입니다. 튀김용 젓가락 끝을 넣으면 저온일 때보다 빠르게 작은 거품이 올라와요. 튀김옷 반죽을 떨어트리면 중간까지 가라앉았다가 곧바로 떠오릅니다.
- **180°C 이상 고온** — 회로 먹어도 될 만큼 신선한 어패류 등을 살짝 튀겨낼 때, 한 번 튀긴 것을 더 바삭하게 하려고 두 번째 튀길 때의 온도예요. 튀김용 젓가락 끝을 넣으면 중온일 때보다 빠르게 작은 거품이 힘있게 올라옵니다. 튀김옷 반죽을 떨어트리면 가라앉지 않고 표면에서 곧바로 탁 흩어져요.

재료 알아가기

누룩 소금 | 塩麴 시오코우지

누룩은 간장과 청주(사케) 제조에 필수적인 재료로, 일본 요리에서 중요한 역할을 합니다. 누룩 소금은 누룩에 소금과 물을 섞어 발효시킨 천연 조미료예요. 영양가가 높고 비타민 B군, 판토텐산, 3대 소화 효소 등을 함유해 건강에도 좋습니다. 누룩 소금은 짠맛뿐만 아니라 발효 과정에서 생기는 단맛과 풍미로 요리에 깊은 맛을 더해줍니다. 또한 효소가 고기를 부드럽게 해주고, 생선 비린내나 채소의 강한 냄새를 억제하며, 육즙이 빠져나가는 것을 방지합니다. 절임 요리, 고기나 생선의 밑간, 볶음, 조림, 드레싱이나 소스 재료, 과자에 더하는 조미료 등으로 다양하게 사용됩니다.

영귤 | すだち 스다치

일본이 원산지인 영귤은 향이 좋고 신맛이 강한 감귤류로, 크기는 유자보다 작아요. 8~12월이 제철이지만 하우스 영귤(3~8월), 노지 영귤(8~10월), 냉장 영귤(10~3월)이 있어 1년 내내 유통됩니다. 영귤은 과즙은 물론이고 껍질까지 다양하게 활용할 수 있어요. 회, 생선구이, 맑은 국, 두부 요리, 구운 송이버섯, 절임, 고기 요리 등에 즙을 더하거나 껍질을 갈아 냉소면, 냉우동, 냉메밀국수에 곁들여 향을 더합니다. 또 얇게 슬라이스해 홍차, 사케, 칵테일, 소주에 넣어 마셔도 좋습니다.

도구 살펴보기

튀김 냄비 | 揚げなべ 아게나베

열전도율과 열보존율이 높은 튀김 전용 냄비를 사용하면 기름 온도를 일정하게 유지할 수 있어 바삭한 튀김을 만들기 좋습니다. 1~2인용은 지름 16~20cm 정도, 3~4인용은 지름 21~24cm 정도가 적당해요. 소재 선택에서는 법랑 냄비가 열보존율이 높고 기름때나 냄새가 덜 배어 관리하기 쉽습니다. 스테인리스 냄비도 내구성이 뛰어나고 냄새와 오염에 강하지만 처음 기름 온도를 높이는 데 다소 시간이 걸립니다. 튀김 전문가가 되고 싶다면 철이나 동 소재 냄비도 추천합니다. 열전도율과 열보존율이 모두 뛰어나 튀김을 더욱 맛있게 만들 수 있습니다. 하지만 녹이 잘 슬고 변색되기 쉬우므로 관리가 매우 중요합니다.

기름 튐 방지망 | オイルスクリーン 오이루스쿠린

기름이 튀는 게 걱정이라 선뜻 튀김 요리에 도전하지 못했다면 뚜껑 역할을 하는 망 하나만 있으면 안심입니다. 촘촘한 망은 수증기를 잘 내보내고 이리저리 튀는 기름을 효과적으로 잡아줍니다. 커다란 프라이팬이나 냄비가 덮이는 넉넉한 크기로 고르면 됩니다.

Chapter
6

밥

ごはん 고항

'배고프네' 싶을 때 무슨 음식이 떠오르나요? 20년 전의 나였다면 아마도 "갓 구운 바게트!"라고 대답했을지도 모르겠어요. 하지만 일본을 떠나 산 세월이 길어질수록 점점 더 밥, 미소시루, 연어 자반, 채소 장아찌 같은 일본 식탁의 기본이 생각납니다. 왠지 마음이 편안해지는 맛이라고 할까요? 그리고 그 밥도 반드시 '흰밥'이어야 합니다.

한국에서 마크로비오틱, 저속 노화 등 자연식 열풍이 불고, 다들 잡곡밥을 챙겨 먹으니 나도 건강을 생각해 현미밥, 잡곡밥을 지어 먹지만, 좋아하는 흰밥을 맛있게 짓는 방법도 꾸준히 연구하고 있습니다. 쌀알에 윤기가 자르르 흐르고 몽실몽실한 흰밥. 일본 요리의 주인공이라고 해도 과언이 아닙니다. 다른 맛을 더하지 않아도 그 자체로도 맛있고, 어떤 반찬과도 잘 어울리죠. 일본에서는 초밥에 맞는 쌀, 쫀득쫀득한 쌀 등 맛있는 쌀을 재배하기 위해 노력하는 생산자들이 많습니다.

따끈한 흰밥부터 잡곡밥, 현미밥, 솥밥인 다키코미고항, 여러 재료를 섞은 마제고항, 스시, 돈부리, 볶음밥인 차항, 국밥인 조우스이, 죽인 오카유까지 일본의 밥 요리는 참으로 각양각색입니다. 그중에서도 극히 일부분밖에 소개할 수 없는 것이 너무 아쉬울 정도예요. 이번 챕터에서는 전통 밥 요리부터 현대 식생활에 맞게 변형된 밥 레시피까지 신중하게 골라 정리했습니다. 꼭 한 번 만들어보세요.

찹쌀 팥밥

お赤飯 오세키항

일본에서는 아이 생일에 찹쌀 팥밥을 먹으며 한 해의 건강을 기원합니다. 한국에서 생일에 미역국을 먹는 것과 비슷하지요. 3월 '히나마츠리(여자아이들의 행복을 기원하는 날)'에도 어머니께서 팥밥을 지어 주셨던 기억이 나네요. 하지만 가장 또렷한 추억은 열세 살 때, 초경을 축하하며 먹었던 팥밥입니다. 아마 그날 아버지께서 프랑스 와인을 따셨을 거예요. 나는 아직 어려 와인은 향만 맡고, 부모님 두 분이 다 드셨지요. 그런 추억이 담긴 오세키항은 팥을 단단하게 삶아 찹쌀에 올리고 소금을 넣어 밥을 짓습니다. 원래는 찌는 방식으로 만들지만, 집에서 쉽게 따라 할 수 있도록 전기밥솥을 이용한 레시피로 소개합니다.

분량

20×20cm 찬합 1개

재료

팥 90g, 찹쌀 540g, 팥물+물 500ml, 소금 1작은술

— 고명

볶은 흑임자·소금 적당량

☞ '만들기'에서 밥은 전기밥솥용 레시피로, 뚝배기나 무쇠솥 등에도 적용할 수 있다. 다만 도구에 따라 물(다시) 분량을 조절하고 도구별 밥 짓는 법을 따르는 것이 좋다.

☞ 도구별 밥 짓는 법은 'Hideko's Notes : 밥' 중 '일본 요리 밥 짓기의 정석' 참고.

만들기

1. 팥은 잘 씻어 4배 분량의 물에 넣어 삶는다. 10분 정도 삶다가 물을 버리고 새로운 물로 다시 20~25분 정도 삶는다. 삶은 팥은 힘을 줘야 부서질 정도로 단단해야 밥을 지을 때 쉽게 부서지지 않는다.
2. 삶은 팥과 팥물은 체에 밭쳐 각각 식힌다.
3. 찹쌀은 씻어서 물기를 뺀 다음 2의 팥물에 3시간 정도 담가둔다.
4. 찹쌀을 건져 밥솥에 넣고 남은 팥물에 물을 더해 총 500ml가 되도록 분량을 맞춘 후 밥솥에 붓는다.
5. 삶은 팥과 소금을 밥솥에 넣고 전체적으로 한 번 섞어준 다음 가능하면 '찐밥' 기능으로, 없으면 '쾌속' 또는 '무압' 기능으로 밥을 짓는다.
6. 밥이 완성되면 바로 찬합에 담고 뚜껑을 비스듬히 올려둔다. 이렇게 하면 증기가 적절히 빠져 표면이 딱딱해지지 않는다.
7. 먹기 전에 볶은 흑임자와 소금을 6: 1 비율로 절구에 넣고 곱게 갈아 팥밥 위에 뿌린다.

소금 오니기리

塩おにぎり 시오오니기리

본가에서의 주말 점심, 어머니께서 반찬을 만들고 밥을 지으면 가족들이 하나 둘 모여들어 오니기리를 만들곤 했습니다. 갓 지은 맛있는 쌀밥과 질 좋은 소금만 있으면 언제든지 바로 만들 수 있는 오니기리. 레시피에는 얼음물로 손을 차게 식힌 뒤 만드는 방법을 소개했지만, 작은 밥공기에 밥을 담아 한 김 식힌 뒤 만들어도 됩니다.

분량

1개

재료

소금 1/4작은술, 갓 지은 밥 100g, 김 1장(6×14cm 크기)

— 곁들임

명란젓

준비물

얼음물, 깨끗한 행주

만들기

1. 얼음물로 손을 식히고 물기를 닦은 후 소금을 양손에 펼쳐 바른다.
2. 밥을 손바닥에 올려서 뭉친다. 처음에는 모양에 신경 쓰지 말고 밥알이 잘 엉겨 붙도록 부드럽게 모은다. 밥이 잘 뭉쳐지면 오른손을 산 모양으로 만들어 주먹밥의 각을 잡으면서 왼손으로는 바닥을 만든다는 생각으로 돌려가며 모양을 잡아준다. 이때 힘을 너무 많이 주지 않도록 한다.
3. 주먹밥 모양이 만들어졌다면 손 위에 주먹밥을 눕히고 위아래를 손바닥으로 살짝 눌러 형태를 잡는다. 마지막으로 한 번 더 가볍게 쥐어 완성한다.
4. 김으로 감싸고 기호에 따라 명란젓을 곁들인다. 한국 장아찌, 달걀말이, 다양한 김치, 연어구이, 불고기, 멸치볶음 등 넣고 싶은 속 재료를 잘게 다져서 밥 안에 넣어도 좋다.

1

2

구운 치즈 오니기리

チーズ焼きおにぎり 치즈야키오니기리

스페인 타파스에서 아이디어를 얻은 야키오니기리입니다. 보통 야키오니기리는 소금이나 미소를 발라 석쇠나 토스터에 굽는데, 이 오니기리는 소금과 후춧가루를 넣고 간장 양념을 발라 구웠습니다. 원반형으로 만들면 고르게 익히기 좋지만 스페인 꼬치 요리인 핀초스처럼 작은 구형으로 만들어 꼬치를 꽂아내면 색다른 느낌을 낼 수 있어요.

분량

2개

재료

소금 1/3작은술, 갓 지은 밥 200g, 피자용 치즈 2큰술, 후춧가루·식용유 약간씩

— 양념

간장 2작은술, 미림 1작은술

준비물

얼음물, 깨끗한 행주

만들기

1. 얼음물로 손을 식히고 물기를 닦은 후 소금을 양손에 펼쳐 바른다.
2. 밥을 100g 정도 덜어 손바닥에 올려서 뭉친다. 처음에는 모양에 신경 쓰지 말고 밥알이 잘 엉겨 붙도록 부드럽게 모은다. 밥이 동글납작하게 모양이 잡히면 안에 치즈를 1큰술 넣고 다시 잘 뭉친다. 구울 때 부스러지지 않도록 소금 오니기리보다 힘을 주어 단단하게 모양을 잡는다.
3. 주먹밥을 완성하면 후춧가루를 듬뿍 뿌린다.
4. 볼에 양념 재료를 섞는다.
5. 오븐이나 에어 프라이어에 쿠킹 포일을 깔고 주먹밥을 올릴 부분에 식용유를 얇게 펴 바른다. 주먹밥을 올리고 강불에서 양면을 3분씩 굽는다.
6. 주먹밥 표면이 마르면 붓으로 양념을 발라 2분간 굽고, 뒤집어서 양념을 바르고 다시 2분간 굽는 작업을 3회 정도 반복한다.

초당옥수수 튀김 오차즈케

とうもろこしの天茶漬け 토우모로코시노덴차즈케

6~7월 무렵에 출하되는 초당옥수수를 튀겨서 밥에 올리고 그 위에 녹차를 부어 만든 오차즈케입니다. '덴차즈케'는 튀김을 올린 오차즈케를 뜻해요. 밥에 향신 채소를 듬뿍 올린 뒤 아삭아삭 톡톡 식감이 좋은 옥수수튀김을 얹고, 차갑게 식힌 녹차 다시를 부어주면 초여름의 상쾌한 맛을 만끽할 수 있습니다. 옥수수튀김은 '튀김' 챕터의 '해물 채소 튀김' 레시피를 참고해서 만들어보세요.

분량

2~3인분

재료

가다랑어포 다시 500ml, 센차(일본 녹차 또는 보성 녹차) 500ml,
밥 80~150g, 소금 약간

— 튀김

초당옥수수 1개, 타이거 새우 4마리, 참나물 4줄기, 덧가루용 밀가루 4큰술, 튀김유 500ml

튀김옷 : 달걀 1개, 찬물 100~150ml, 밀가루 80g, 전분 2큰술

— 고명

시소 4~5장, 생강 5g, 쪽파 2줄기, 참나물 4줄기

— 곁들임

와사비, 영귤 또는 라임

만들기

1. 다시와 센차를 섞어 소금으로 간한 다음 냉장실에 넣는다.
2. 초당옥수수는 반으로 잘라 칼로 알맹이를 깎아낸다.
3. 새우는 살만 준비해 1cm 길이로 자르고, 참나물은 먹기 좋게 자른다.
4. 고명용 시소와 생강은 얇게 채 썰고 각각 물에 담가둔다. 쪽파와 참나물은 잘게 자른다.
5. 볼에 달걀을 풀고 찬물을 부은 다음 밀가루와 전분을 조금씩 넣으며 섞어 튀김옷을 만든다.
6. 다른 볼에 1인분 분량의 옥수수, 새우, 참나물과 덧가루용 밀가루를 넣고 버무린 다음 5의 튀김옷을 적당량 섞는다.
7. 튀김유를 170℃로 가열한 후 6을 작은 국자로 떠서 모양을 잡고 살짝 밀어 기름에 넣는다. 튀기는 도중 옥수수가 튈 수 있으니 튀김용 뚜껑을 사용하면 좋다.
8. 그릇에 밥을 담고 옥수수튀김을 올린다.
9. 4의 고명을 물기를 빼서 올리고 차가운 녹차 다시를 붓는다. 기호에 따라 와사비를 곁들이거나 영귤 또는 라임 즙을 살짝 뿌린다.

연어 오차즈케

サケのお茶漬け 사케노오차즈케

차나 다시를 부어 먹는 밥, 오차즈케 중 내가 제일 좋아하는 메뉴입니다. 일본인들은 오차즈케 하면 연어 오차즈케를 가장 친근하게 떠올리곤 하죠. 그 고소하고 짭조름한 맛이 일품인 레시피예요. 보통 술지게미에 담근 울외 장아찌인 나라즈케를 밥 위에 올리는데, 한국 울외 장아찌를 사용해도 좋습니다. 연어는 바싹 굽는 것이 포인트. 차나 다시는 차갑게 해도, 따뜻하게 해도 어울리니 그날의 입맛에 따라 선택하세요.

분량

1인분

재료

연어 150g, 소금 1작은술, 밥 80~150g, 가다랑어포 다시 또는 녹차 150ml, 울외 장아찌·쪽파 적당량, 식용유 약간

만들기

1. 연어는 소금을 문질러 발라 냉장실에서 반나절 재웠다가 꺼내 키친타월로 물기를 닦는다.
2. 달군 팬에 식용유를 두르고 연어를 바싹 굽는다. 이때 나오는 기름은 키친타월로 닦아낸다.
3. 구운 연어를 그릇에 담고 주걱으로 잘게 부순다.
4. 울외 장아찌와 쪽파는 잘게 다진다.
5. 그릇에 밥을 70% 정도 담고 부순 연어 살, 다진 울외 장아찌를 올리고 다진 쪽파를 뿌린다. 먹기 직전에 다시 또는 녹차를 붓는다.

뿌리채소 고모쿠즈시

根菜の五目寿司 콘사이노고모쿠즈시

어머니께 배운 고모쿠치라시즈시(고모쿠즈시). 뿌리채소를 채 썰어 조리고, 달달한 지단을 듬뿍 얹으면 값비싼 재료를 쓰지 않아도 충분히 근사한 요리가 완성됩니다. 밥을 지을 때 보통 밥보다 물을 조금 적게 넣어주세요.

분량

2~4인분

재료

쌀 300g, 청주 1큰술, 다시마 1장(3×3cm 크기), 물 360ml

— 단촛물

쌀 식초 4큰술, 백설탕 2큰술, 소금 1작은술

— 속 재료

표고버섯조림 : 건표고버섯 4~5개, 가다랑어포 다시 200ml, 청주 1큰술, 간장 2큰술, 머스코바도 설탕 1큰술

아스파라거스 절임 : 데친 아스파라거스 4개, 다시마 1장, 소금·쌀 식초 약간씩

우엉 당근 조림 : 우엉 1개(150g), 당근 1/3개(70g), 가다랑어포 다시 300ml, 청주 2큰술, 머스코바도 설탕 1큰술, 간장 1큰술

연근 초절임 : 연근 1/2개(100g), 쌀 식초 120ml, 가다랑어포 다시 160ml, 백설탕 5큰술, 소금 1/2작은술, 데치는 용 쌀 식초 약간

달걀지단 : 달걀 2개, 소금 1/4작은술, 식용유 약간

만들기

1. 표고버섯조림 : 건표고버섯은 기둥을 떼고 한나절 정도 물에 불렸다가 물기를 짠다. 얇게 썰어 냄비에 나머지 재료와 같이 넣고 속뚜껑을 덮어 중약불에서 조린다. 국물이 없어지면 불을 끄고 그대로 식힌다.
2. 아스파라거스 절임 : 아스파라거스는 소금물에 1분간 데쳐 그대로 식힌다. 식초를 살짝 묻힌 키친타월로 다시마의 한쪽 면을 닦은 후 소금을 뿌리고 아스파라거스를 감싼다. 반나절 정도 냉장실에 둔다.
3. 우엉 당근 조림 : 우엉은 연필 깎듯이 얇게 깎고, 당근은 곱게 채 썬다. 냄비에 나머지 재료를 넣고 끓이다가 우엉, 당근을 넣고 속뚜껑을 덮어 부드러워질 때까지 익힌다. 중불에 국물이 없어질 때까지 조려 그대로 식힌다.
4. 연근 초절임 : 연근은 5mm 두께로 썰어 끓는 물에 식초를 조금 넣고 데친다. 초절임 양념을 만들어 연근을 넣고 30분 이상 재운다.
5. 달걀지단 : 볼에 달걀, 소금을 섞은 후 팬에 식용유를 두르고 얇게 지단을 부친 다음 식혀서 채 썬다.
6. 밥솥에 쌀, 청주, 다시마, 물을 넣고 밥을 짓는다.
7. 단촛물 재료를 잘 섞어둔다.
8. 갓 지은 밥을 초밥통이나 볼에 옮겨 담아 단촛물을 주걱에 묻혀 고루 뿌리고, 부채로 식히면서 가르듯이 섞는다. 위아래로 뒤집어 섞지 않는다.
9. 그릇에 밥을 담고 표고버섯조림, 우엉 당근 조림을 섞은 다음 아스파라거스 절임, 연근 초절임, 달걀지단을 고루 올린다.

☞ '만들기'에서 밥은 전기밥솥용 레시피로, 뚝배기나 무쇠솥 등에도 적용할 수 있다. 다만 도구에 따라 물(다시) 분량을 조절하고 도구별 밥 짓는 법을 따르는 것이 좋다.

☞ 도구별 밥 짓는 법은 'Hideko's Notes : 밥' 중 '일본 요리 밥 짓기의 정석' 참고.

우메 시소 밥

梅しそ混ぜご飯 우메시소마제고항

청시소와 매실 향이 어우러져 정말 산뜻한 밥입니다. 청시소를 소금에 절였다 넣으면 식감이 더 부드러워요. 마제고항은 밥에 양념한 재료를 섞어서 먹는 요리입니다. 어머니의 레시피에서는 우메보시와 청시소만 섞었지만, 나는 반건조한 옥돔을 구워 살을 발라 넣었습니다. 미역이나 멸치 같은 바다의 맛을 더하거나 양념을 달리하는 등 재미있게 변화를 줄 수도 있습니다.

분량

2인분

재료

청시소 5장, 소금 1자밤, 우메보시 1개, 갓 지은 밥 2공기, 바싹 구운 옥돔 살 4큰술

만들기

1. 시소는 심 부분을 자르고 잘게 다져 물에 5분 정도 담갔다 물기를 뺀다.
2. 볼에 시소를 넣고 소금을 뿌려 잠시 두었다가 물기를 꽉 짠다.
3. 우메보시는 씨를 제거하고 과육을 다진다.
4. 볼에 밥을 담고 옥돔 살, 시소, 우메보시를 넣어 잘 섞는다. 싱거우면 소금으로 간한다.

열무밥

菜めし 나메시

밥과 채소를 동시에 먹을 수 있는 맛있고 간편한 마제고항입니다. 일본에서는 생무청을 삶아서 섞는데, 한국은 무청을 거의 시래기로 만들기 때문에 쉽게 구할 수 없어요. 그래서 내가 좋아하는 쌉쌀한 맛의 열무를 사용했습니다. 당근 잎, 쑥갓, 미나리, 참나물, 취나물 등 선호하는 초록 채소로 대체해도 좋아요. 가이세키 요리의 마지막에 자주 나오는 담백한 나물밥. 집에서도 맛있게 만들려면 데친 열무를 소금에 절여서 섞어보세요!

분량

2인분

재료

열무 100g, 갓 지은 밥 2공기, 소금 적당량, 참깨 약간

만들기

1. 열무는 끓는 물에 소금 1작은술을 넣고 살짝 데쳐 물기를 짠다.
2. 열무를 잘게 다진 후 소금 1/2작은술을 넣고 5분 정도 절였다가 물기를 짠다.
3. 볼에 밥을 담고 열무, 참깨를 넣고 섞는다. 싱거우면 소금으로 간한다.

고구마밥

さつまいもご飯 사쓰마이모고항

가을과 겨울철 솥밥의 대표 주자입니다. 흰밥과 껍질째 넣은 고구마가 예쁜 색 조합을 이루지요. 찰기 있는 고구마의 식감과 단맛이 밥과 잘 어우러져 먹어도 먹어도 질리지 않습니다. 봄에는 완두콩, 여름에는 옥수수, 가을에는 고구마나 밤, 땅콩, 은행 등 계절마다 다른 재료로 만들어보세요.

분량

2~3인분

재료

쌀 300g, 고구마 1개(150g),
물 360ml

— 양념

청주 1큰술, 소금 1작은술

☞ '만들기'는 전기밥솥용 레시피로, 뚝배기나 무쇠솥 등에도 적용할 수 있다. 다만 도구에 따라 물(다시) 분량을 조절하고 도구별 밥 짓는 법을 따르는 것이 좋다.

☞ 도구별 밥 짓는 법은 'Hideko's Notes : 밥' 중 '일본 요리 밥 짓기의 정석' 참고.

만들기

1. 쌀은 씻어서 15분간 물에 담근 뒤 체에 밭쳐 15분간 그대로 둔다.
2. 고구마는 껍질째 1~1.5cm 크기로 깍둑썰기해 물에 담근다.
3. 밥솥에 쌀과 물, 양념 재료를 넣어 섞은 다음 고구마를 올린다.
4. '무압' 또는 '쾌속' 기능으로 밥을 짓는다.

풋콩밥

豆ご飯 마메고항

계절마다 다양한 콩으로 콩밥을 즐겨 만듭니다. 특히 초여름, 기분 좋게 바람이 불어오면 문득 완두콩밥이 먹고 싶어져요. 서울 경동시장이나 산지의 생산자에게 껍질 있는 완두콩을 주문해서 쓰는데, 손질이 번거롭지만 부드럽고 향이 좋아 매년 찾게 됩니다. 이번 레시피는 계절상의 이유로 풋콩(에다마메)을 사용했지만, 완두콩으로도 꼭 만들어보세요. 처음부터 콩을 같이 넣고 밥을 지으면 밥과 콩의 맛이 잘 어우러져 더 맛있습니다.

분량

3~4인분

재료

쌀 300g, 풋콩 150g, 물 360ml

— 양념

청주 1큰술, 소금 1작은술

☞ '만들기'는 전기밥솥용 레시피로, 뚝배기나 무쇠솥 등에도 적용할 수 있다. 다만 도구에 따라 물(다시) 분량을 조절하고 도구별 밥 짓는 법을 따르는 것이 좋다.

☞ 도구별 밥 짓는 법은 'Hideko's Notes : 밥' 중 '일본 요리 밥 짓기의 정석' 참고.

만들기

1. 쌀은 씻어서 15분간 물에 담근 뒤 체에 밭쳐 15분간 그대로 둔다.
2. 풋콩은 깨끗이 씻어 체에 밭친다.
3. 밥솥에 쌀과 물, 양념 재료를 넣어 섞은 다음 콩을 올린다.
4. '무압' 또는 '쾌속' 기능으로 밥을 짓는다.

토마토밥

トマトの炊き込みご飯 토마토노다키코미고항

다시에 제철 채소 또는 산나물을 한 가지 정도 넣고 밥을 지어 파드득 나물을 뿌려주면 간단한 다키코미고항이 완성됩니다. 다키코미고항은 쌀과 함께 고기나 생선, 채소 등을 섞어 짓는 밥으로, 한국의 솥밥과 비슷하지요. 한국 솥밥은 쌀과 재료 이외에는 특별히 양념을 넣지 않고 밥을 지은 뒤 먹기 전에 양념을 더하지만, 일본은 처음부터 양념을 넣고 밥을 짓습니다. 여름이 되면 좋아하는 토마토를 넣고 자주 밥을 짓고, 서양식 메인 요리에 곁들일 때는 올리브유를 살짝 뿌려줍니다.

분량

2~3인분

재료

쌀 300g, 토마토 1개(200g), 생강 10g, 올리브유 1작은술, 후춧가루 약간

— 양념

미림 2큰술, 연한 간장 2작은술, 소금 1작은술, 가다랑어포 다시 300ml

— 곁들임

시소

☞ '만들기'는 전기밥솥용 레시피로, 뚝배기나 무쇠솥 등에도 적용할 수 있다. 다만 도구에 따라 물(다시) 분량을 조절하고 도구별 밥 짓는 법을 따르는 것이 좋다.

☞ 도구별 밥 짓는 법은 'Hideko's Notes : 밥' 중 '일본 요리 밥 짓기의 정석' 참고.

만들기

1. 쌀은 씻어서 15분간 물에 담근 뒤 체에 밭쳐 15분간 그대로 둔다.
2. 토마토는 꼭지를 떼고, 생강은 강판에 간다.
3. 밥솥에 쌀을 담고 양념용 미림, 간장, 소금을 넣은 다음 다시를 넣고 잘 섞는다. 토마토, 생강, 올리브유를 넣는다. 토마토에서 수분이 나오는 것을 감안해 다시는 분량보다 적게 넣는 것이 좋다.
4. '무압' 또는 '쾌속' 기능으로 밥을 짓는다.
5. 밥이 완성되면 토마토를 으깨어 섞은 후 그릇에 담아 후춧가루를 살짝 뿌린다. 기호에 따라 채 썬 시소를 올려도 된다.

5

오목밥

五目炊き込みご飯 고모쿠다키코미고항

오목밥은 이름대로 다섯 가지 재료가 들어갑니다. 뿌리채소를 정성껏 채 썰어 넣고, 유부나 닭고기 등 육류, 새우나 조개 등 해물을 넣어 밥맛을 살려줍니다. 이 레시피에서는 다시를 사용하지만 재료와 양념이 하나하나 풍부한 맛을 내는 만큼 다시 대신 물만 사용해도 충분히 맛있는 밥을 지을 수 있습니다.

분량

2~3인분

재료

쌀 300g, 건표고버섯 5개, 연근 50g, 당근 50g, 우엉 50g, 유부 3장(또는 닭고기 안심살 100g이나 새우 살 100g), 식용유 1큰술

— 양념

가다랑어포 다시 300ml, 연한 간장 2큰술, 미림 2큰술, 소금 1/2작은술, 표고버섯 물 2큰술

— 고명

참나물 줄기(또는 미나리 줄기) 적당량

☞ '만들기'는 전기밥솥용 레시피로, 뚝배기나 무쇠솥 등에도 적용할 수 있다. 다만 도구에 따라 물(다시) 분량을 조절하고 도구별 밥 짓는 법을 따르는 것이 좋다.

☞ 도구별 밥 짓는 법은 'Hideko's Notes : 밥' 중 '일본 요리 밥 짓기의 정석' 참고.

만들기

1. 쌀은 씻어서 15분간 물에 담근 뒤 체에 밭쳐 15분간 그대로 둔다.
2. 건표고버섯은 기둥을 떼고 반나절 정도 물에 불린다. 표고버섯 물은 양념용으로 남겨둔다.
3. 연근, 당근, 우엉은 껍질을 벗겨 가늘게 채 썰고, 표고버섯은 5mm 두께로 슬라이스한다.
4. 유부는 채소와 비슷한 길이로 잘라 끓는 물에 3초 정도 데쳐 물기를 짠다.
5. 팬에 식용유를 두르고 중불에 채소와 유부를 넣고 볶다가 양념 재료를 넣고 끓인다.
6. 한소끔 끓으면 건더기를 체로 거른다. 국물은 따로 담아둔다.
7. 밥솥에 쌀을 넣고 6의 국물에 남은 표고버섯 물을 더해 총 300ml가 되도록 분량을 맞춘 후 밥솥에 붓는다.
8. 쌀 위에 볶은 재료를 얹고 '무압' 또는 '쾌속' 기능으로 밥을 짓는다.
9. 밥을 그릇에 담고 참나물 줄기를 1cm 길이로 잘라 올린다.

바다장어 덮밥

アナゴ丼 아나고동

이 레시피는 가나자와에 사는 요리 선생님인 친구에게 배웠습니다. 가나자와는 바다와 산의 식재료가 모두 풍부해 언제 찾아가도 맛있는 일본 요리를 만끽할 수 있는 곳이에요. 바다장어(아나고)는 특유의 냄새가 있어 물과 술을 같은 양으로 넣고 쪄야 합니다. 양념에 바다장어를 넣고 끓일 때는 딱딱해지지 않게 뚜껑을 꼭 덮어주세요. 보드라운 식감이 이 요리를 맛있게 해주는 중요한 포인트거든요.

분량

2인분

재료

바다장어 1마리(500g), 갓 지은 밥 2공기

— 양념

간장·청주·미림·설탕 3큰술씩

— 달걀지단

달걀 2개, 설탕 2작은술, 식용유 약간

— 곁들임

초피 가루

만들기

1. 장어는 채반에 껍질이 위로 오게 놓고 뜨거운 물을 뿌린다. 칼로 살살 긁어 이물질을 제거한 다음 얼음물에 넣어 식히고 키친타월로 물기를 제거한다.
2. 냄비에 양념을 끓인 후 장어를 넣고 뚜껑을 덮어 약불로 5분간 익힌다.
3. 강불로 바꿔 양념이 절반이 될 때까지 조린다.
4. 볼에 달걀, 설탕을 섞은 후 팬에 식용유를 두르고 얇게 지단을 부친다. 식혀서 채 썬다.
5. 그릇에 밥을 담고 3의 양념을 조금 부은 다음 달걀지단과 장어 순으로 올린다. 기호에 따라 초피 가루를 곁들인다.

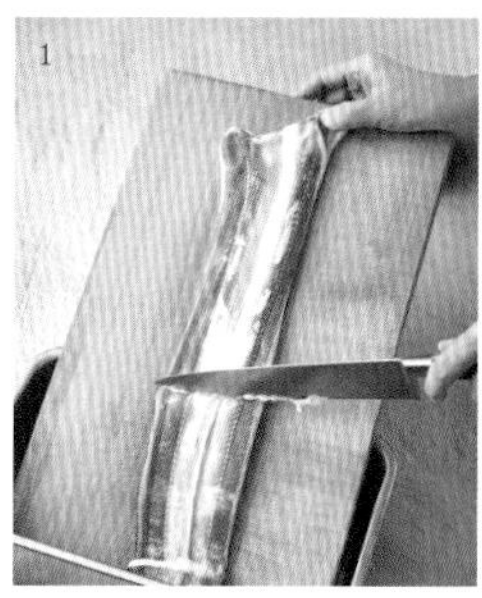

연어 덮밥

サケの漬け丼 사케노츠케동

두 아들이 좋아하는 덮밥 중에서 제일 만들기 쉬운 요리입니다. 마트에 가면 늘 구할 수 있는 도톰한 연어를 양념에 재워 비린내를 없애고 감칠맛을 살린 뒤 따뜻한 밥에 얹습니다. 달달한 간장 양념은 전갱이 같은 등 푸른 생선이나 지방이 오른 회의 감칠맛을 한층 더 살려줍니다.

분량

2인분

재료

연어(또는 참치, 방어) 횟감 100g, 아보카도 1개, 갓 지은 밥 2공기

— 양념

츠케다레 : 간장 1큰술, 머스코바도 설탕 2작은술

— 곁들임

김, 와사비

☞ 재료에서 츠케다레는 회 100g 기준 분량으로 회의 양에 따라 조정할 수 있다.

만들기

1. 볼에 츠케다레 재료를 섞는다.
2. 연어 횟감을 선호하는 두께로 썰어 사각 트레이에 펼치고 츠케다레를 고루 묻힌다. 큐브 모양으로 썰어도 괜찮다.
3. 랩을 씌워 냉장실에서 10분간 재운다.
4. 아보카도는 연어와 크기, 두께를 맞춰 썬다.
5. 그릇에 밥을 담고 연어와 아보카도를 올린 후 와사비를 곁들인다. 기호에 따라 김에 싸서 먹거나 김을 부셔서 뿌려 먹어도 좋다.

닭고기 달걀 덮밥

親子丼 오야코동

보들보들한 달걀이 닭고기를 부드럽게 감싼 덮밥의 대표 주자, 오야코동. 예상외로 만드는 법이 까다로워 여러 번 연습이 필요할지도 모릅니다. 달걀은 너무 오래 가열하면 단단해져 식감이 떨어지니 반숙 상태로 익혀주세요. 편수 냄비나 프라이팬을 사용해 2인분을 한 번에 완성할 수 있는 레시피로 소개합니다.

분량

2인분

재료

닭다리살 200g, 표고버섯 2개, 양파 1/2개(100g), 달걀 4개, 갓 지은 밥 2공기

— 양념

가다랑어포 다시 150ml, 미림 2큰술, 간장 2큰술, 머스코바도 설탕 1큰술

— 고명

참나물 4줄기

만들기

1. 닭고기는 얇게 한입 크기로 썰고, 표고버섯은 기둥을 떼고 얇게 썬다. 양파는 얇게 채 썰고, 참나물은 2cm 길이로 자른다.
2. 볼에 달걀을 푼다.
3. 냄비에 양념 재료를 넣고 중불로 끓이다가 끓기 시작하면 닭고기를 펼쳐 넣는다. 다시 끓어오르면 표고버섯과 양파를 넣는다.
4. 중약불로 끓이다가 닭고기가 익으면 달걀물을 1/2만 부어 반숙 상태로 익힌다.
5. 나머지 달걀물을 붓고 참나물을 넣은 다음 뚜껑을 덮고 불을 끈다. 그 상태로 1분간 둔다.
6. 그릇에 밥을 담고 5를 편평한 주걱이나 뒤집개로 조심스럽게 떠서 밥 위에 올린다.

테마키즈스시

手巻き寿司 테마키즈스시

테마키즈스시는 속 재료, 향신 채소를 조합해 자기만의 맛을 만들어 먹을 수 있는 게 묘미지요. 회가 맛있는 계절에 가족끼리 특식으로 즐기거나 손님께 대접하곤 합니다. 담백한 흰 살 생선은 다시마에 절이고, 비린내가 강하고 기름이 많은 생선은 불에 살짝 익히거나 양념에 담그거나 향신 채소를 더해 다타키로! 손이 몇 번 더 가면 재료가 깨어나 본연의 맛을 한층 살립니다.

분량

4인분

재료

쌀 450g, 다시마 1장(3×3cm 크기), 청주 2큰술, 물 540ml

— 단촛물

쌀 식초 5큰술, 백설탕 3큰술, 소금 1과 1/2작은술

— 속 재료

해산물 : 참치(또는 연어) 횟감 300g, 관자 횟감 100g, 연어알 200g

양념(츠케다레) : 간장 1큰술, 머스코바도 설탕 2작은술

채소 : 오이 1개(200g), 영양 부추 1/2단(또는 무순 1팩), 아보카도 2개, 시소 20장

달걀지단 : 달걀 4개, 소금 1작은술, 식용유 약간

낫토 : 낫토 3팩(450g), 다진 파 적당량, 겨자·간장 약간

— 곁들임

김(또는 감태), 와사비, 간 생강, 회 간장

만들기

1. 볼에 츠케다레 재료를 잘 섞는다.
2. 참치 횟감은 포를 떠서 사각 트레이에 가지런히 놓은 뒤 츠케다레를 고루 묻힌다. 랩을 씌워 냉장실에서 10분간 재운다.
3. 관자는 살짝 씻어 얇게 저민다.
4. 오이는 횟감과 비슷한 길이로 채 썰고, 영양 부추도 비슷한 길이로 자른다.
5. 볼에 달걀, 소금을 섞은 후 팬에 식용유를 두르고 얇게 지단을 부친 다음 식혀서 채 썬다.
6. 밥솥에 깨끗이 씻은 쌀과 다시마, 청주, 물을 넣고 밥을 짓는다.
7. 단촛물 재료를 잘 섞는다.
8. 갓 지은 밥을 초밥통이나 볼에 옮겨 담아 단촛물을 주걱에 묻혀 고루 뿌리고, 부채로 식히면서 가르듯이 섞는다. 위아래로 뒤집어 섞지 않는다.
9. 아보카도는 가로로 슬라이스하고, 시소는 씻어서 물기를 제거한다. 김은 4~6등분한다.
10. 낫토 재료는 모두 잘 섞는다.
11. 큰 접시에 횟감과 채소, 달걀지단을 알맞게 담고, 연어알과 낫토, 곁들임, 초밥은 따로 담아낸다. 각자 김 위에 초밥을 올리고 좋아하는 재료를 조금씩 넣고 싸서 먹는다.

☞ 재료에서 참치나 연어 횟감 외에 도미, 광어, 농어, 단새우 등 좋아하는 횟감을 추가해도 좋다.

☞ '만들기'의 밥은 전기밥솥용 레시피로, 뚝배기나 무쇠솥 등에도 적용할 수 있다. 다만 도구에 따라 물(다시) 분량을 조절하고 도구별 밥 짓는 법을 따르는 것이 좋다.

☞ 도구별 밥 짓는 법은 'Hideko's Notes : 밥' 중 '일본 요리 밥 짓기의 정석' 참고.

밥

일본 요리 밥 짓기의 정석

(첫째) **쌀은 가볍게 씻고 불린 다음 물 빼기** — 요즘 쌀은 정미 기술이 뛰어나 쌀겨가 많이 나오지 않으므로 가볍게 씻어주면 됩니다. 씻을 때는 체에 쌀을 넣고 물을 가득 담은 볼에 담가 씻는 것을 추천합니다. 박박 비벼 씻지 말고 손으로 살짝 뒤적이는 정도로 씻어주세요. 체를 들어 물을 빼고 열 번 정도 섞어준 뒤 새로 물을 담은 볼에 넣고 다시 한번 씻어주세요. 이 과정을 두 번 반복하면 됩니다. 씻은 쌀은 물에 담가 15분 정도 불리고 체에 밭쳐 15분간 물을 뺍니다.

(둘째) **도구마다 다른 맛있게 밥 짓는 법** — 도구의 소재 별 특성에 따른 일반적인 밥 짓는 방법을 소개합니다. 제품 생산처의 권장 사용법을 충분히 숙지하고 잘 따르는 것이 가장 좋고, 밥 짓는 물은 생수를 사용하는 것이 맛있습니다.

뚝배기, 무쇠 냄비로 짓기

① 물은 쌀 양의 1.2배로 넣고 강불에 올린다.
② 물이 끓으면 뚜껑을 열고 젓가락으로 냄비 바닥에 달라붙은 쌀을 떼어낸다.
③ 다시 뚜껑을 덮은 다음 끓어 넘치지 않을 정도의 불로 7분, 약불로 7분, 아주 약한 불로 5분간 끓인다. 불을 끄고 뚜껑을 덮은 채로 5분간 뜸을 들인다.
④ 뚜껑을 열고 주걱으로 바닥까지 밥을 골고루 섞는다.

스테인리스 냄비, 법랑 냄비로 짓기

① 물의 양, 밥 짓는 방법은 뚝배기와 동일하다.
② 금방 끓어오르니 넘치지 않도록 미리 잘 살핀다.

전기밥솥으로 짓기

① 불린 쌀로 지을 때는 '쾌속' 기능으로, 물은 정량보다 조금 적게 잡는다.
② 불리지 않은 쌀은 '무압' 기능으로 짓는다.
③ 밥이 완성되면 뚜껑 안쪽의 물방울이 밥에 떨어지지 않도록 잘 닦는다.
④ 가장 중요한 것은 밥이 완성되자마자 주걱으로 잘 섞고, 스위치를 바로 끄는 것! 보온 기능으로 두기보다는 식은 밥을 전자레인지에 데워 먹는 편이 훨씬 맛있다.

도나베 '가마도상'의 매력

흙으로 만든 냄비인 도나베로 지은 밥맛을 알아버린 뒤 나가타니엔 이가모노의 '가마도상'으로 밥을 짓고 있습니다. 이 제품은 원적외선 효과가 높은 유약을 사용해 밥이 보드랍고 윤기가 있어요. 속뚜껑이 있어 불 조절이 쉬우니 끓어 넘칠 걱정도 없고요. 백미밥은 15분 만에 완성되어 에너지를 절약하고, 시간도 절감됩니다. 다만 구입 후 바로 사용하면 물이 샐 수 있으니, 처음 사용할 때 죽을 한 번 끓여 구멍을 메워주는 것이 좋습니다. 자세한 사용법은 취급 설명서를 참고해 주세요. 일본산 뚝배기 중에는 밥 짓기용, 오븐용, 전자레인지용 등 용도에 따라 기능이 세분화된 제품들도 있습니다. 속뚜껑이 없는 일반 뚝배기로도 밥을 지을 수 있지만, 끓어 넘칠 위험이 있으니 '일본 요리 밥 짓기의 정석'을 참고하기 바랍니다.

오니기리 이야기

일본식 주먹밥인 오니기리는 지역에 따라 오무스비라고도 부릅니다. 모양은 크게 삼각형, 구형, 원반형, 원통형 네 가지로 나뉘는데, 그중 삼각형이 가장 흔하며 1970년대 편의점에 출시된 이후 오니기리의 대표적인 형태가 되었어요. 삼각형이 유행하기 전에는 대부분 구형이었고, 구운 오니기리는 불에 익히기 좋도록 동글납작한 원반형이 많습니다. 오니기리의 속 재료로는 매실 장아찌, 얇게 깎은 가다랑어포, 다시마 등이 대표적입니다. 요즘은 참치 마요네즈, 명란 마요네즈, 새우튀김, 연어알 간장 조림, 명란젓, 오징어젓, 소보로(잘게 다진 재료를 볶아 양념한 것), 연어 플레이크, 다시마, 김 조림, 낫토, 스팸 등 정말 다양한 재료를 활용해 골라 먹는 재미가 있습니다.

재료 알아가기

차조기 | 紫蘇 시소

시소는 잎이 초록색인 아오지소와 보라색인 아카지소, 잎이 편평한 히라바, 잎이 오그라진 치리멘으로 나뉩니다. 한국 요리의 깻잎처럼 일본 요리에서 시소는 무척 친숙한 식재료입니다. 청시소와 적시소 모두 비타민, 미네랄, 베타카로틴이 풍부하고, 시소에 함유된 향 성분인 페릴알데히드는 식욕을 돋우고 살균 작용을 합니다. 청시소는 향신 채소로 사용되거나 회에 곁들이고, 덴푸라 재료로도 쓰입니다. 적시소는 우메보시, 후리카케(맛 가루), 시소 주스 등에 활용됩니다.

도구 살펴보기

초밥통 | 寿司桶 스시오케

초밥용 밥, 초밥, 치라시즈시를 담을 때 유용한 나무 그릇입니다. 습도 조절 기능이 뛰어나 밥을 초밥 만들기에 딱 적당한 상태로 유지하고, 나무 향이 식초의 톡 쏘는 냄새를 완화해 줍니다. 바닥이 넓어 밥을 섞기 편리한 것도 장점. 또 알록달록한 치라시즈시나 생선초밥을 담으면 그대로 식탁에 올려도 될 만큼 멋스럽습니다. 밥 외에도 소면이나 술잔을 담는 등 다양하게 활용할 수 있어 손님에게 요리를 대접하는 자리에 특히 유용한 아이템이에요.

어머니의 오니기리, 아버지의 오무스비

고등학교 시절에는 매일 학교에 도시락을 싸서 다녔다. 대부분 어머니께서 냉장고 속 반찬, 분주하게 튀긴 닭고기, 달걀말이, 소금물에 살짝 담가 짭짤한 사과, 노리벤(김이 밥 전체를 덮은 도시락), 동글납작하게 빚은 오니기리 등을 이리저리 궁리해서 싸 주셨다. 그 당시 나는 도시락보다 머리 모양이 더 중요했던 사춘기의 절정, 괜히 어머니께 짜증을 부리며, "이러다 늦겠어" 하고 감사 인사도 없이 집을 나섰다.

점심시간에 친구들과 다 같이 도시락 뚜껑을 열면, 그 즐거운 순간에도 각자의 집안 사정과 도시락 싸는 사람의 솜씨가 '리얼'한 현실 그대로 드러났다. "히데코, 그 유카리(우메보시) 오니기리 맛있겠다" 하고 친구들이 말하며 관심을 모았던 엄마표 원반형 오니기리는 참으로 맛있었다. 시소 향이 상큼한 오니기리를 한입 베어 물면서 아침에 어머니께 투덜거렸던 것을 반성하기도 했다.

다른 집과는 달리, 요리사인 아버지께서도 가끔 도시락을 싸 주셨다. 아버지표 도시락은 "어? 이건 뭐야?" 하는 느낌이랄까? 대학 입시를 앞두고 도쿄에 사업 차 상경해 계시던 아버지와 잠시 함께 살며 수험 공부를 했는데, 그때도 시험장에 아버지께서 싸 주신 도시락을 들고 갔다. 일본 사립 대학 입시는 여러 대학에 동시에 지원해 시험을 치르는 방식이라, 2주 가까이 매일 아침 아버지께서 도시락을 준비해 주셨다. 간편한 오니기리로 싸 달라고 부탁했더니 아버지는 "그래? 오무스비? 간단하고 좋지!" 하며 태평하게 대답하셨다. 여덟 곳 정도의 대학 시험에서 먹었던 도시락은 거의 다 오무스비였다. 가끔 달달한 달걀말이를 곁들이기도 했지만, 어머니 도시락과는 전혀 딴판이었다.

한번은 집에서 편도 2시간 거리의 여대에 시험을 보러 갔는데, 도시락을 가방에 넣으려고 보니 평소보다 훨씬 큰 게 아닌가? 시간이 없어서 투덜대지도 못하고 시험장으로 향했다. 드디어 돌아온 점심시간. '아무리 그래도 이렇게 큰 도시락은 너무 창피해' 생각하며 뚜껑을 열었더니, 아뿔사! 훨씬 더 창피한 상황이 펼쳐지고 말았다. 도시락 한가운데 김에 싸인 거대한 오무스비가 세 개, 그 옆에는 한 팩을 통째로 넣은 것처럼 딸기가 빽빽하게 들어차 있었다. 그야말로 인증 사진을 남겨야 할 비주얼이었지만, 아쉽게도 스마트폰 같은 건 없던 시절이라 그저 내 기억 속에 작은 조각으로 남아 있을 뿐이다. 그래서 시험 결과는 어떻게 됐을까?

21세기형 오무스비 도시락에 너무 동요했던 탓인지, 그 여대는 불합격하고 말았다.

오니기리는 '오니(도깨비)'를 '키루(자르다)'에서 유래했다는 설이 있고, 오무스비는 옛 문헌에 등장하는 신에서 유래했다는 설, 사람과 사람의 좋은 인연을 맺어주는 행운의 오무스비에서 비롯되었다는 설, 서민들은 오니기리라고 부른 반면 귀족 여성들은 궁녀 용어로 오무스비라고 불렀다는 설 등이 다양하게 전해진다. 쉽게 말해 나의 부모님처럼 본인이 부르고 싶은 대로 부르면 되는 것이다. 이름만큼이나 모양도 지역에 따라 다양했으나 편의점의 영향으로 전국적으로 삼각형 모양이 보급되었다.

오니기리인가 오무스비인가, 삼각형인가 둥근 모양인가? 부모님은 그 문제로 아침마다 종종 실랑이를 벌이셨다. 하지만 서울 우리 집의 오니기리는 거대한 오무스비의 강렬한 기억 때문인지 처음부터 쭉 삼각형이다. 다만 이름은 어머니께서 늘 부르시던 대로, 오무스비가 아니라 오니기리. 요리 교실에서 찬합에 예쁘게 담을 때에는 원통 모양으로 뭉치지만, 우리 집에서는 한결같이 삼각형으로 뭉친다. 그리고 일본의 소울 푸드라고도 할 수 있는 소금 오니기리보다는 김으로 싼 삼각형 오니기리에 쓰쿠다니(김조림)나 연어 플레이크, 명란을 삐져나올 정도로 듬뿍 넣어 뭉친 것이 한국 사람인 남편과 두 아들에게 인기다. 스키야키나 다키코미고항은 가르치는 데 성공했는데, 오니기리는 아직 가족들에게 얻어먹지 못했다. 앞으로 다가오는 명절에는 '히데코 오니기리 교실'을 우리 집 부엌에서 먼저 열어야 할 것 같다.

Chapter
7

국

汁物 시루모노

내 두 아들은 일본어로 말할 때 '오미소시루오타베루(미소시루를 먹는다)'라고 합니다. 일본에서는 잘 쓰지 않는 표현이죠. 그러면 나는 서둘러 설명을 덧붙이곤 합니다. 한국에서는 국에 재료가 많이 들어가서 '먹는다'고 표현한다고요. 한국과 달리 일본 사람들은 국을 '마신다'고 표현합니다. 그 이유를 생각하다 일본은 젓가락으로만 식사하기 때문이 아닐까 하는 결론에 이르렀습니다. 국물도 그릇을 들고 마시는 게 일본의 방식이죠. 그래서 그릇을 입에 대고 호로록 마실 수 있을 정도로 국의 재료를 조금만 넣는 조리법이 발달한 것 같습니다. 일본인들은 '마신다'고 할 때 마음이 놓이고, 한숨을 돌리게 되며, 피로가 풀립니다. 국에는 그런 힘이 있는 듯합니다. 커피를 마시며 잠시 쉬어 가는 느낌과 비슷해요. 그래서인지 바빠 대충 밥을 차리는 날에도 국 종류는 꼭 하나 준비하게 됩니다. 그런 의미에서 일본식 육수인 다시는 일본 요리에서 빼놓을 수 없는 기본입니다.

다시는 다시마, 가다랑어, 멸치 등 다양한 재료로 우려냅니다. 다시마에 포함된 글루타민산과 같은 풍미를 내는 성분 덕에 간단하게 맛을 내도 음식의 깊이가 느껴지죠. 물론 요리 시간도 줄여줍니다. 하지만 꼭 정해진 규칙이 있는 것은 아닙니다. 손이 많이 갈 것 같지만, 일본의 미소시루는 물에 멸치를 우려내고 미소와 냉장고 속 재료만으로도 간단하게 휘리릭 끓여낼 수 있답니다.

일본 요리 맛의 비법인 다시 내는 방법은 이 책의 시작, 18페이지 'Hideko's Notes : 다시'에 자세히 담았습니다. 자주 끓여보고 다양한 요리에 활용해 보세요.

엄마의 떡국

お雑煮 오조우니

오조우니는 정월을 관장하는 신에게 바치는 식재료로 끓이는 일본식 떡국입니다. 네모나게 자른 떡 키리모치를 넣어 만들어요. 새해 첫날 아침, 우물에서 처음 길어 온 신성한 물로 끓이는 것이 전통으로, 신과 음식을 함께 나누는 중요한 의식이었습니다. 오조우니는 지역에 따라 재료와 맛이 다른데, 간토와 규슈, 주고쿠 지방은 간장을 넣은 맑은 국을, 간사이 지방은 시로 미소로 국을 끓입니다. 우리 집은 어머니 레시피대로 가다랑어포 다시에 닭고기를 넣어 담백하게 끓입니다. 어머니의 부드러운 떡국 맛이 아직도 기억나네요. 신과 함께 먹는 음식인 만큼 귀한 옻그릇에 담아 먹습니다.

분량

4인분

재료

무 40g, 당근 20g, 우엉 20g,
표고버섯 2개, 참나물 4줄기,
참나물용 가다랑어포 다시 4큰술,
닭다리살 150g, 청주 1작은술,
가다랑어포 다시 600ml, 연한 간장
1작은술, 키리모치 4개

— 고명

채 썬 유자 껍질 약간

만들기

1. 무와 당근은 얇게 나박썰기하고, 우엉은 얇게 어슷썰기한다. 표고버섯은 기둥을 떼고 반으로 자른다.
2. 참나물은 끓는 물에 살짝 데쳐 물기를 짠 다음 5cm 길이로 잘라 참나물용 다시에 담근다.
3. 닭고기는 한입 크기로 포를 떠서 청주를 뿌린다.
4. 냄비에 다시를 붓고 무, 당근, 우엉을 넣어 2~3분 정도 끓이다 닭고기를 더해 한소끔 끓인다.
5. 끓어오르면 거품을 제거하고 약불로 줄여 재료가 익을 때까지 끓인다. 연한 간장을 넣어 국물을 완성한다.
6. 키리모치는 석쇠나 오븐, 에어 프라이어에 노릇하게 구워 미지근한 물에 담가둔다.
7. 그릇에 키리모치를 넣고 5의 닭고기, 무, 당근, 우엉을 건져 담은 뒤 표고버섯, 참나물을 올린다.
8. 5의 국물을 붓고 채 썬 유자 껍질을 얹는다.

두부 톳 파 미소시루

豆腐,ひじき,ねぎの味噌汁 도후,히지키,네기노미소시루

일본식 된장국인 미소시루. 한 단어지만 지역에 따라, 가정에 따라 사용하는 미소의 종류가 정말 다양합니다. 붉은 된장인 아카 미소, 흰 된장인 시로 미소, 누룩 된장인 코우지 미소. 다시도 마찬가지로 어떤 재료로 우려내는지에 따라 맛이 정말 달라져요. 기본적으로 미소시루는 일본 국그릇 하나 분량인 200ml의 다시에 미소 1/2큰술 정도 넣으면 맛있게 완성됩니다.

분량

2인분

재료

두부 50g, 생톳 3큰술, 멸치 다시 400ml, 미소 2큰술

— 고명

대파 흰 부분 적당량

☞ 일본 미소의 종류와 쓰임은 'Appendix' 중 '된장' 참고.

만들기

1. 두부는 1.5cm 크기로 깍둑썰기한다. 톳은 씻고, 대파는 어슷하게 썬다.
2. 냄비에 다시를 데우다가 두부를 넣고 한소끔 끓인다.
3. 체를 사용해 미소를 풀고 톳과 대파를 넣은 다음 바로 불을 끈다.

돼지고기 뿌리채소 미소시루

豚汁 돈지루

돈지루는 내 어린 시절의 추억과 맛이 가득 담긴 요리입니다. 초등학교 시절, 걸스카우트 여름 캠프에 가면 꼭 다 함께 이 국을 끓여 먹었거든요. 다른 미소시루가 '마시는 국'이라면 돈지루는 정말 '먹는 국'입니다. 뿌리채소를 중심으로 냉장고 속 재료를 적절하게 섞어 쓰면 영양 밸런스도 좋고 반찬 역할도 해냅니다. 고기와 채소가 듬뿍 들어가 다시 없이도 맛있지만, 나는 어머니 레시피대로 멸치 다시를 사용했습니다. 여러 번 끓여도 깊은 맛이 우러나니, 넉넉하게 만들어보세요.

분량

4인분

재료

돼지고기 삼겹살(또는 목살, 앞다리살) 200g, 우엉 1/2개(75g), 표고버섯 4개, 당근 1/4개(50g), 연근 60g, 고구마 1개(200g), 참기름 2작은술, 멸치 다시 900ml, 미소 60g

— 고명

잘게 썬 쪽파 적당량, 시치미 약간

만들기

1. 삼겹살은 2cm 두께로 썬다.
2. 우엉은 칼등으로 껍질을 긁어내고 얇게 어슷썰기한 후 물에 담근다. 표고버섯은 기둥을 떼고 얇게 썬다.
3. 당근은 껍질을 벗겨 나박썰기하고, 연근은 껍질을 까고 5mm 두께로 썰어 부채 모양으로 반 자른다. 고구마는 껍질째 한입 크기로 썬다.
4. 냄비에 참기름을 두르고 중불에 고기를 볶는다. 고기 색이 변하면 우엉, 당근, 연근을 넣어 볶다가 다시를 붓는다.
5. 국물이 끓으면 거품을 제거하고 채소가 어느 정도 익었으면 표고버섯, 고구마를 넣는다.
6. 고구마가 부드러워지면 체를 사용해 미소를 풀고 약불에서 3분 정도 끓인다.
7. 그릇에 담아 쪽파를 올리고 기호에 따라 시치미를 뿌린다.

맑은 백합국

ハマグリのお吸い物 하마구리노오스이모노

일본의 삼짇날에 치라시즈시와 함께 차려내고 싶은 국입니다. 큼직한 백합을 넣을 때는 한 명당 두 개 정도면 충분해요. 다만 가열해도 껍데기가 열리지 않는 조개도 있으니 넉넉히 준비하세요. 마지막 간은 담백한 간장이나 소금으로 입맛에 맞게 조절합니다. 투명한 국 종류에는 파드득 나물, 국화, 초피 순, 영귤, 유자, 양하 같은 향채를 고명으로 곁들이면 풍미가 더욱 살아나요. 칼칼한 맛을 좋아한다면 고추를 아주 조금만 더해보세요.

분량

4인분

재료

백합 큰 것 8개 또는 생합 16개, 해감용 소금물(물 1L+소금 2큰술), 물 1L, 청주 1큰술, 다시마 1장(8×10cm 크기), 소금 적당량

— 고명

보리 순(또는 참나물, 쪽파 등)·채 썬 생강 약간씩

만들기

1. 백합은 씻어서 해감용 소금물에 담가 은박지를 덮어 30분 이상 둔다. 해감 후 한 번 더 깨끗하게 씻는다.
2. 냄비에 해감한 백합과 물, 청주, 다시마를 넣고 끓인다.
3. 백합 입이 열리면 건져 조갯살이 없는 쪽 껍데기를 떼어낸 뒤 그릇에 담는다. 백합 껍데기는 국에 최소한만 넣는다.
4. 국물은 체에 걸러 불순물과 다시마를 제거하고 싱거우면 소금으로 간한다.
5. 백합을 담은 그릇에 맑은 국물을 붓고 고명을 올린다.

술지게미국

粕汁 카스지루

청주를 거르고 남은 흰 술지게미와 시로 미소, 그리고 다양한 재료를 듬뿍 넣어 끓이는 국으로, 속을 따뜻하게 덥혀줍니다. 차가운 다시에 넣어 서서히 끓인 뿌리채소는 감칠맛이 뛰어나고 부드러워 술지게미와 시로 미소를 더해 살짝만 끓여도 무척 맛있어요. 여기에 자반 연어까지 더하면 풍미가 한층 깊어집니다. 시로 미소가 없으면 한국 쌀누룩 된장을 써도 괜찮습니다.

분량

4인분

재료

술지게미 100g, 연어 2조각(300g), 무 150g, 당근 1/2개(100g), 유부 4장, 우엉 1개(150g), 물 600ml, 다시마 1장(8×10cm 크기), 시로 미소 3큰술, 소금 약간

— 고명

대파 초록 부분 140g

☞ 술지게미는 'Hideko's Notes : 국' 중 '재료 알아가기' 참고.

만들기

1. 볼에 술지게미를 넣고 끓는 물을 충분히 부어 20분 정도 두었다 물은 따라 버린다. 거품기로 저어 부드럽게 만든다.
2. 연어는 4등분하고 무, 당근, 유부는 긴 직사각형으로 자른다. 우엉은 어슷하게 썬다.
3. 냄비에 물과 다시마, 무, 당근, 우엉을 넣고 중불로 끓인다. 중간중간 거품을 제거한다.
4. 채소가 부드럽게 익으면 다시마를 건져내고 연어, 유부를 넣어 약불로 3~4분 정도 끓인다.
5. 술지게미에 시로 미소를 섞은 후 체를 사용해 4의 냄비에 푼다.
6. 약불에서 4분 정도 끓이고 싱거우면 소금으로 간한다.
7. 한소끔 더 끓인 다음 불을 끈다. 대파를 어슷하게 썰어 고명으로 올린다.

마 우메보시 미소시루

長いもと梅干しの味噌汁 나가이모토우메보시노미소시루

예전에 일본 요리책에서 보고 만들어본 레시피입니다. 어머니의 미소시루와는 다른, 새로운 맛이었죠. 국물과 우메보시의 조화가 절묘하게 어우러져 놀랐습니다. 더위에 지쳤을 때 먹기 좋아 여름이 오면 생각나는 요리예요. 다시마와 가다랑어포로 우린 다시에 미소를 풀고 마를 갈아 더해주기만 하면 완성. 술술 목 넘김이 부드러워 식욕이 없을 때, 식사량이 많지 않은 고령자에게 좋습니다.

분량

2인분

재료

마 200g, 가다랑어포 다시 400ml, 미소 40g, 우메보시 1개

만들기

1. 마는 껍질을 벗기고 강판에 간다.
2. 냄비에 다시를 데우고 체를 사용해 미소를 푼다.
3. 국물이 끓으면 간 마를 넣고 마가 약간 걸쭉해지면 불을 끈다.
4. 그릇에 담고 씨를 뺀 우메보시를 얹는다.

바지락 미소시루

アサリの味噌汁 아사리노미소시루

바지락은 제철인 봄에 살이 통통하게 오르고 맛이 깊어집니다. 쓰임새가 좋아 마트에 갈 때마다 자주 사게 되는데, 간단하게 다시마를 우려 미소시루를 끓일 때 넣으면 안성맞춤입니다. 바지락 입이 열리면서 거품과 함께 이물질이 많이 나오니 잘 제거해 주세요. 바지락이나 재첩 같은 조개류 미소시루는 아카 미소로 끓이면 더욱 깊은 맛을 즐길 수 있습니다.

분량

2인분

재료

바지락 400g, 해감용 소금물(물 1L+소금 2큰술), 쪽파 2~3줄기, 물 400ml, 다시마 1장(3×3cm 크기), 청주 100ml, 저민 생강 5g, 아카 미소 40g

만들기

1. 바지락은 씻어서 해감용 소금물에 담가 은박지를 덮어 30분 이상 둔다. 해감 후 한 번 더 깨끗하게 씻는다.
2. 쪽파는 3~4cm 길이로 자른다.
3. 냄비에 물, 다시마, 청주, 생강을 넣고 강불로 끓인다.
4. 3의 육수가 한소끔 끓으면 바지락을 넣는다.
5. 바지락 입이 열리면 거품을 제거하고 약불로 줄인 다음 다시마를 건져내고 1~2분간 더 끓인다.
6. 체를 사용해 아카 미소를 푼다. 바지락 국물이 짜기 때문에 조금씩 풀면서 간을 확인한다.
7. 그릇에 담고 쪽파를 올린다.

국

일본 요리
국의 정석

(첫째) **국물은 밥과 함께 즐기는 것** — 전통 일본 요리 식단에서는 국이 식사 시작에 나오기도 하고 마무리로 나오기도 하지만, 공통점은 모두 밥과 함께 제공된다는 것입니다. 맑은 국이 나올 때도 있으나 대부분 미소시루가 나옵니다. 이는 담백한 흰밥에 국물의 감칠맛을 더해 반찬처럼 먹기 위해서입니다. 반면 초밥이나 솥밥 등 맛이 가미된 밥을 먹을 때는 맑은 국이 나와 맛의 균형을 이룹니다.

(둘째) **미소시루에는 다시를 진하게** — 미소는 자체에 깊은 맛이 있어 진한 맛의 다시, 재료와 궁합이 좋습니다. 예를 들면 멸치 다시, 돼지고기 육수, 바지락 등 조개류 또는 가다랑어포 다시, 한 번 사용한 가다랑어포에 새 가다랑어포를 더해 끓인 니방다시 등이 잘 어울립니다.

(셋째) **미소는 마지막에 풀기** — 일본 요리의 미소시루는 보통 다시에 재료를 넣어 완전히 익힌 다음, 마지막에 미소를 풀고 불을 꺼 향을 살리는 것이 일반적입니다. 하지만 생선이나 뼈가 있는 고기를 넣을 때는 예외적으로 건더기가 익은 뒤 미소를 넣고 한소끔 끓여 비린내나 잡내, 특유의 거품 등을 적당히 제거해 줍니다. 미소를 풀 때 국물을 깔끔하게 만들기 위해 체나 거름망을 많이 사용하지만 기호에 따라 국물에 바로 풀어도 괜찮습니다.

(넷째) **재료 넣는 순서 지키기** — 채소 한 가지와 파 같은 향신 채소를 넣는 경우, 다시에 채소를 먼저 익히고 미소를 풀어 그릇에 담은 뒤 향신 채소를 올리면 됩니다. 여러 종류의 채소를 넣을 때는 먼저 뿌리채소를 넣고 호박, 고구마, 감자 등 부드러운 채소는 나중에 넣어야 형태가 뭉개지지 않습니다.

(다섯째) **맑은 국 끓이는 요령** — 맑은 국은 가다랑어포 다시에 재료를 넣고 끓이는 방법과 다시마 다시에 서더리(생선살을 발라내고 남은 부분)를 넣고 끓이는 방법이 있습니다. 서더리나 뼈가 있는 육류처럼 거품이 많이 나는 재료는 천천히 끓이면 비린내가 나므로 센 불에서 팔팔 끓여야 해요. 또 생선 육수를 맑게 유지하려면 국을 끓이기 전에 재료 밑 손질을 꼼꼼하게 해주는 것이 중요합니다. 서더리에 소금을 뿌려 수분과 함께 비린내를 제거한 후 끓는 물을 끼얹어 비늘과 점액이 떠오르면 깨끗이 씻어냅니다. 이렇게 손질한 재료로 국을 끓이면 아주 깔끔한 국물을 완성할 수 있어요.

재료 알아가기

떡 | 餅 모치

일본인들은 떡을 모양, 형태, 맛에 따라 의미를 담은 기원물로 삼아, 다양한 절기를 축하하며 즐겨 먹고 있습니다. 사각형의 떡 가쿠모치는 동쪽 지역에서, 둥근 모양의 떡 마루모치는 서쪽 지역에서 주로 먹어요. 특히 떡이 들어간 국 오조우니는 지역별, 가정별로 레시피가 다양합니다. 동쪽 지역은 가쿠모치를 구워 맑은 국에 넣는 반면, 서쪽에서는 마루모치를 삶아 미소를 푼 국에 넣습니다. 남쪽 지역은 마루모치를 삶아 맑은 국에 넣는 곳이 많고, 산인 지방에서는 마루모치를 삶아서 팥죽에 넣어 먹기도 하죠. 일본인들은 자신의 뿌리에 대해 이야기할 때 자주 본가의 오조우니 맛을 화제로 삼고는 합니다.

술지게미 | 酒粕 사케카스

술지게미는 청주(사케) 양조 과정에서 생기는 부산물입니다. 찐 쌀과 쌀누룩, 물을 섞어 발효시켜 밑술(거르기 전 단계의 술)을 만든 뒤 이것을 짜서 청주를 얻고, 이때 남은 찌꺼기가 바로 술지게미입니다. 원료인 쌀의 약 25%가 술지게미가 되는 만큼 영양가가 무척 높고 피부 미용, 변비 해소, 면역력 증강, 성인병 예방에도 효과가 있습니다. 조미료로 사용하면 요리에 독특한 향과 풍미를 더합니다. 끓는 물에 술지게미와 설탕을 넣은 음료 아마자케, 술지게미로 끓인 국 카스지루, 술지게미로 만든 양념에 생선이나 고기를 재워 굽는 카스즈케야키 등 다양한 요리에 활용됩니다.

도구 살펴보기

강판 | 下ろし金 오로시가네

일본 요리에 필수 도구인 강판. 금속, 나무, 도자기 등 다양한 소재와 스푼 형태, 그릇 형태 등 여러 가지 모양이 있어 어떤 것을 사야 할지 꽤 고민이 됩니다. 금속 강판은 대부분 날이 날카로워 별로 힘들이지 않고 재료를 빠르게 갈 수 있지만, 강판의 날에 재료의 섬유소가 많이 남는 부분은 아쉬워요. 도자기 강판은 날에 유약 처리가 되어 무겁고 깨지기 쉬운 단점은 있지만, 세척이 쉽고 관리가 편리합니다. 어떤 소재든 날의 돌기 부분이 세밀할수록 재료가 매끈하고 촉촉하게 갈리고, 날이 크고 거칠수록 갈 때 나오는 수분이 적고 재료의 식감을 유지할 수 있습니다. 사용하는 용도나 식재료에 맞게 여러 종류를 구비해 두면 골라 쓸 수 있어 편리합니다.

국물 거품 제거기 | あく取り 아쿠토리

국물의 거품 제거 작업은 맛을 결정 짓는 중요한 과정이지만 국자로 하다 보면 국물까지 버리게 되고, 자잘한 거품은 잘 제거되지 않아 맛에 영향을 미치기도 합니다. 그래서 추천하고 싶은 도구가 전용 국물 거품 제거기예요. 망으로 된 것, 작은 구멍이 난 것, 스푼 형태 등 종류가 꽤 다양합니다. 마음에 드는 것을 골라 사용해 보면 거품 제거가 얼마나 편리한지 실감하게 될 거예요.

Chapter 8

전골

鍋物 나베모노

일본 가정 요리의 묘미 중 하나로, 전골 요리인 나베를 빼놓을 수 없죠. 일본 사람들은 날씨가 추워지면 자연스럽게 가족, 친구들과 "날도 쌀쌀한데 나베 먹을래?" 하고 대화를 주고받습니다. 전골 요리는 재료만 준비하면 식탁에 둘러앉아 끓이며 먹을 수 있는 요리라 모이면 흥겹게 이야기꽃을 피우게 되니 참 신기합니다.

전골 요리라 하면 흔히 김이 모락모락 나는 겨울철 요리로 여기지요. 사실 우리 집에서는 한여름에도 에어컨을 틀고 돼지고기와 양배추로 끓이는 조야나베를 비롯해 토마토나베, 톰얌쿵 같은 전골 요리를 즐겨 먹습니다. 환경을 생각하면 미안한 일이라는 걸 알면서도, 맛이 한껏 오른 여름 토마토를 소고기와 볶아 먹는 스키야키는 더위에 지친 몸을 든든하게 채워주어 끊기가 힘드네요.

일본 전골 요리의 특징 중 하나는 일본 전국 각지에 다양한 향토 요리가 존재한다는 것입니다. 향토 요리는 그 지역에서 나는 신선한 재료로 소박하게 요리하는 지혜의 결정체. 따라서 재료 본연의 맛을 최대한 즐길 수 있는 것이 바로 전골 요리의 매력입니다. 겨울이 되면 요리 교실에도 전골 요리 수업이 추가됩니다. 수강생들은 집에서도 레시피를 따라 만들어 먹으며 모두 좋아하는데, 벌써 세 번째 수업을 듣는 수강생도 있을 정도예요. 해마다 한국 제철 재료로 새로운 레시피를 개발해야 하지만, 그게 바로 요리 연구가로서 느끼는 재미이니까요.

겨울 스키야키

冬のすき焼き 후유노스키야키

스키야키에 간토풍과 간사이풍이 있다는 것은 한국에 와서 처음 알게 되었습니다. 부모님은 고기를 살짝 구워 설탕 조금, 간장 조금 뿌린 다음 "자, 먹어봐" 하시며 달걀을 푼 그릇에 쏙 넣어 주셨어요. 간사이풍이지요. 요리 교실에서는 소스 와리시타를 뿌리며 고기를 굽는 간토풍을 소개합니다. 조금 더 쉽고, 실패 없는 조리법이에요. 고기는 불고기용보다 약간 두꺼운 3mm 정도가 좋고, 굽기 전에 달군 냄비에 소기름을 바르면 감칠맛이 더해집니다. 날달걀을 좋아하지 않는다면 온천 달걀로 대체해도 괜찮습니다. 남은 소스는 냉장실에 보관했다가 조림이나 구이에 활용할 수 있어요.

분량

4인분

재료

단단한 두부 1모(300~400 g), 우엉 2개(300g), 대파 2대(200g), 쑥갓 200g, 소고기(꽃등심, 채끝살, 안창살 등) 400g, 가다랑어포 다시·청주 적당량, 소기름 조각(또는 올리브유) 약간

— 소스

와리시타 : 간장 200ml, 미림 200ml, 가다랑어포 다시 150ml, 청주 60ml, 머스코바도 설탕 5큰술

— 곁들임

달걀 4개, 우동 면

만들기

1. 냄비에 와리시타 재료를 넣고 한소끔 끓여 그대로 식힌다.
2. 두부는 물기를 완전히 제거하고 2cm 크기로 깍둑썰기한다. 그대로 써도 되지만 에어 프라이어에서 양면을 노릇하게 구우면 더 고소하다.
3. 우엉은 껍질을 솔로 깨끗이 닦아 얇고 어슷하게 썰어 물에 담근다. 대파는 4cm 길이로 자르고, 쑥갓은 뿌리 부분을 제거하고 먹기 좋은 길이로 자른다.
4. 스키야키 냄비를 달군 다음 소기름 조각을 녹여 냄비에 고루 바른다.
5. 냄비에 대파와 우엉을 넣고 1의 소스를 조금 뿌린 후 소고기를 올린다. 소고기가 익으면 뒤집으며 소스를 한 번 더 뿌린다. 맨 처음 굽기 시작한 소고기부터 푼 달걀에 담가 먹는다.
6. 우엉과 대파에 뿌린 소스가 끓어오르면 꺼내 달걀에 담가 먹는다.
7. 같은 방법으로 소스를 적당히 뿌리면서 남은 재료를 구워 먹는다. 먹다가 소스가 너무 졸아들면 다시나 청주를 추가한다.
8. 준비한 재료를 모두 먹으면 남은 소스와 다시를 붓고 우동 면을 넣어 끓인다.

여름 토마토 스키야키

夏のトマトすき焼き 나츠노토마토스키야키

스키야키는 보통 철로 된 전용 냄비에 소고기를 구우면서 소스와 다시를 더해 먹습니다. 뚝배기에 김이 모락모락 나는 전골 요리가 겨울 음식이라면, 스키야키는 여름에도 꽤 잘 어울려요. 재료들이 가진 자연스러운 단맛에 왠지 마음이 푸근해지는 소스의 단맛을 살짝 더해주는 것이 스키야키의 매력. 봄부터 여름까지 출하되는 달달한 토마토를 양파와 소고기와 함께 볶으면? 도무지 젓가락질을 멈출 수 없을 정도로 맛있습니다. 여기에 쌉쌀한 루콜라나 미나리를 듬뿍 넣으면 마지막까지 산뜻하게 즐길 수 있어요.

분량

4인분

재료

양파 1개(200g), 루콜라 또는 미나리 100g, 토마토 3개(450g), 소고기(꽃등심, 채끝살, 안창살 등) 400g, 가다랑어포 다시·청주 적당량, 소기름 조각(또는 올리브유) 약간

— 소스

와리시타 : 간장 200ml, 미림 200ml, 가다랑어포 다시 150ml, 청주 60ml, 머스코바도 설탕 5큰술

— 곁들임

달걀 4개, 소면

만들기

1. 냄비에 와리시타 재료를 넣고 한소끔 끓여 그대로 식힌다.
2. 양파는 반으로 잘라 큼직하게 채 썰고, 루콜라는 먹기 좋게 자른다. 미나리를 사용한다면 딱딱한 뿌리 부분은 제거하고 줄기와 잎부분을 분리해 각각 4cm 길이로 자른다.
3. 토마토는 데쳐서 4등분한다.
4. 스키야키 냄비를 달군 다음 소기름 조각을 녹여 냄비에 고루 바른다.
5. 소고기를 펼쳐서 넣고 1의 소스를 조금씩 뿌리며 굽는다. 소고기가 익으며 색이 변하면 토마토와 양파를 넣는다. 토마토와 양파가 부드러워지면 루콜라를 넣고 소스를 조금 뿌린다.
6. 소스가 끓어오르면 소고기부터 꺼내 푼 달걀에 찍어 먹는다. 산뜻하게 먹고 싶다면 달걀 대신 초피 열매를 곁들여도 좋다. 먹다가 소스가 너무 졸아들면 다시나 청주를 추가한다.
7. 준비한 재료를 모두 먹으면 남은 소스와 다시를 붓고 소면을 넣어 끓인다.

콩국 두부 전골

豆乳の湯豆腐 토뉴노유도후

두부는 다양한 전골 요리에서 중요한 역할을 담당하죠. 그중 두부를 다시에 데워서 건져 먹는 유도후는 순수하게 두부 자체의 맛을 즐기는 요리입니다. 일본에서 전골 요리는 대부분 시끌벅적한 분위기로 즐기지만, 이 요리만은 차분한 분위기에서 먹는 편이에요. 보통 감귤즙이 들어간 간장 소스에 찍어 먹는데, 한국식으로 풋고추나 젓갈을 살짝 더해도 좋습니다. 이 레시피는 한국 콩국을 넣어 진한 맛의 유도후를 만들어봤는데 개인적으로 좋아하는 레시피 중 하나입니다.

분량

2~3인분

재료

찌개용 두부 1모(300g), 대파 1대(100g), 콩국 400ml, 가다랑어포 다시 200ml

— 소스

유도후다레 : 간장 100ml, 미림 40ml, 청주 40ml, 다진 대파 2큰술, 가다랑어포 3g, 감귤류(레몬, 유자, 라임) 즙 적당량

— 곁들임

유즈코쇼, 고추장, 시치미 등

만들기

1. 냄비에 간장, 미림, 청주를 넣고 한소끔 끓인 후 다진 대파, 가다랑어포를 넣고 불을 끈 다음 그대로 식힌다. 기호에 따라 감귤류의 즙을 더한다.
2. 두부는 4등분하고, 대파는 얇게 어슷썰기한다.
3. 뚝배기에 콩국과 다시, 두부, 대파를 넣어 중불로 끓인다.
4. 두부가 익으면 개인 그릇에 덜어 유도후다레를 뿌려 먹는다. 유즈코쇼, 고추장, 시치미 등을 곁들여도 좋다.

간 무를 넣은 굴 전골

牡蠣のみぞれ鍋 카키노미조레나베

미조레는 일본어로 '진눈깨비'를 뜻합니다. 다시에 간 무를 넣고 끓일 때의 반투명한 색이 마치 쌓인 진눈깨비 같다 하여, 이런 전골 요리를 미조레나베라고 불러요. 다시마로 깔끔하게 우린 다시에 겨울 제철 생굴을 넣고 한소끔 끓인 뒤 유자 간장 소스인 폰즈소스에 찍어 먹거나 좋아하는 양념을 곁들여 먹습니다. 식사의 마무리로는 밥을 넣고 달걀을 풀어 죽을 만들어 먹는데, 먹고 나면 몸이 정말 따끈따끈해져요.

분량

4인분

재료

무 300g, 대파 1대(100g), 굴 400g, 물 800ml, 다시마 1장(10×10cm 크기), 굵은소금 약간

— 소스

폰즈소스 : 미림 100ml, 간장 100ml, 유자즙 60ml, 다시마 1장(5×5cm 크기)

— 곁들임

초피 가루, 시치미, 고추장 등

☞ 재료에서 유자즙은 레몬, 라임 등 감귤류 즙으로 대체할 수 있다.

만들기

1. 냄비에 미림을 끓여 알코올을 날리고 식으면 나머지 소스 재료를 섞는다. 폰즈소스는 냉장실에 보관하면 1개월 정도 두고 먹을 수 있다.
2. 무는 깨끗이 씻어 껍질째 강판에 갈고, 대파는 얇게 어슷썰기한다.
3. 굴은 굵은소금으로 살살 문질러 물에 씻은 다음 체에 밭쳐 물기를 뺀다.
4. 냄비에 물과 다시마를 넣고 약한 중불로 끓인다. 한소끔 끓으면 다시마는 건져내고 간 무를 넣고 끓인다.
5. 굴, 대파를 넣고 다시 한소끔 끓인 다음 그릇에 담아 폰즈소스를 뿌린다. 기호에 따라 초피 가루, 시치미, 고추장 등을 곁들여도 좋다. 굴 외에도 샤부샤부용 돼지고기나 방어 등 흰 살 생선회를 준비해 국물에 익혀 먹어도 된다.

사태 어묵 전골

すね肉のおでん鍋 스네니쿠노오뎅나베

어머니의 오뎅나베는 가다랑어포 다시에 닭다리살을 넣어 맛이 깔끔하고 담백했습니다. 하지만 한국에서 사귄 교토 친구가 알려준 무와 소 힘줄(스지)을 넣고 진하게 끓인 오뎅나베의 맛은 정말 감동이었어요. 한국에서는 스지 구하기가 쉽지 않아 사태로 대체했습니다. 오뎅나베는 끓이기만 하면 되는 간편함과 꼬치에 꽂아 먹는 재미로 포장마차나 이자카야의 대표 메뉴로 자리 잡았죠. 한국에서는 국물을 즐기는 반면, 일본의 오뎅나베는 건더기를 중심으로 먹는 요리입니다.

분량

3~4인분

재료

무 1/2개(400g), 감자 4개(600g), 여러 종류의 어묵 4개씩, 가다랑어포 다시 2L, 간장 100ml, 미림 50ml, 반숙 달걀 4개

— 사태 조림

소고기 사태 600g, 한국 국간장 2큰술, 물 적당량(고기가 잠길 정도)

양념 : 간장 3큰술, 청주 50ml, 머스코바도 설탕 2큰술, 미림 1큰술, 마늘 3쪽

— 두부 완자(간모도키)

두부 1모(300g), 마 30~40g, 튀김유 500ml

반죽 : 달걀 1개, 전분 3큰술, 연한 간장 1큰술, 미림 1큰술, 소금 1/4작은술

속 재료 : 껍질 깐 은행 8개, 가늘게 채 썬 다시마(다시 내고 남은 것) 15g, 굵게 다진 문어 다리 1개 분량

— 곁들임

연겨자

만들기

1. 사태 조림 : 사태는 물에 10분 정도 담갔다가 냄비에 넣고 국간장과 물을 부어 30분간 삶는다. 양념 재료를 더해 고기가 부드러워질 때까지 중약불로 조린다. 불을 끄고 그대로 식힌 다음 한입 크기로 잘라 꼬치에 꽂는다.
2. 두부 완자 : 두부는 물기를 빼서 체로 으깨고, 마는 강판에 간다. 볼에 두부, 마, 반죽 재료를 넣고 고루 섞는다. 속 재료를 더하고 고루 섞어서 5cm 크기로 동글납작하게 빚는다. 170℃ 튀김유에 노릇하게 튀긴다.
3. 무는 4cm 두께로 자르고 모서리를 둥글게 깎아 쌀뜨물에 중약불로 10분 정도 삶는다. 쌀뜨물이 없으면 그냥 물에 삶아도 된다.
4. 감자는 껍질을 벗겨 2~3등분하고, 어묵은 살짝 데친다.
5. 크고 바닥이 평평한 냄비에 다시를 붓고 한소끔 끓으면 간장과 미림을 넣는다. 계속 끓이다 한 번 더 끓어오르면 달걀, 무, 감자, 어묵을 넣는다.
6. 약불에서 천천히 재료를 익힌다. 감자가 다 익으면 불을 끄고 그대로 식힌다.
7. 6의 냄비에 두부 완자, 사태 조림 꼬치를 넣고 한소끔 더 끓여 완성한다. 기호에 따라 연겨자를 곁들인다.

전골

일본 요리 나베 선택의 정석

첫째 **잘 식지 않는 뚝배기** — 밥 지을 때도 유용한 뚝배기 도나베는 원래 전골을 끓일 때 사용하는 도구입니다. 한 번 가열하면 잘 식지 않는 특성이 있어 밥도 맛있게 지어지고, 찜을 해도 재료 본연의 맛을 풍부하게 살릴 수 있습니다. 사용 시 주의할 점은 급격한 온도 변화를 피하는 것. 온도 차는 뚝배기가 깨지는 원인이 되므로 항상 바닥의 물기를 잘 닦은 뒤 불에 올리는 습관을 들이세요. 설거지를 할 때에도 불에서 내린 직후 바로 물에 담그지 말고 설거지 후에는 꼭 잘 말려 보관해야 해요. 또한 빈 상태에서 가열하는 것은 절대 피해야 합니다. 뚝배기는 30분 이상 물에 담갔다 사용하면 냄새가 잘 배지 않아요.

둘째 **고기 맛을 끌어내는 스키야키 냄비** — 스키야키는 철제 프라이팬보다 전용 철제 냄비를 사용해 굽는 편이 더 맛있고, 보기에도 더 먹음직스럽습니다. 스키야키 냄비를 고를 때 포인트는 소고기의 풍미를 얼마나 끌어내는가 하는 것. 철제 스키야키 냄비는 식재료를 고온에서 조리해 재료의 풍미를 잘 살려줍니다. 그런 철제 냄비의 대명사가 일본 전통 공예품인 '남부철기' 제품이에요. 무겁고 녹이 스는 것을 주의해야 하지만 고기는 물론이고 채소도 맛있게 익혀 스키야키에 최적입니다. 좀 더 관리가 쉬운 소재를 찾는다면 알루미늄 스키야키 냄비도 있습니다. 가볍고 관리하기 쉬워 여러모로 쓰임새가 좋아요. 세련되고 컬러풀한 스키야키 냄비를 원한다면 법랑 소재도 있습니다. 특히 주철 타입 법랑 냄비는 원적외선 효과가 높아 고기를 속까지 쉽게 익혀줍니다. 법랑은 냄새가 잘 배지 않고 흠집에 강해 부담 없이 사용할 수 있어요.

셋째 **온도를 유지하는 샤부샤부 냄비** — 샤부샤부를 맛있게 끓이기 위한 다시의 온도는 80℃. 먹는 동안 이 온도를 잘 유지하는 것이 냄비의 선택 포인트라고 할 수 있습니다. 다수의 샤부샤부 전문점에서는 가운데가 신선로처럼 솟아 있는 냄비를 사용합니다. 이는 열이 전달되는 범위를 넓혀 식어도 금방 다시 데워지고, 뜨거운 증기가 중앙으로 모여 고기를 익혀 먹을 때 손에 열기가 많이 닿지 않도록 설계된 구조라고 해요. 하지만 가정용으로는 샤부샤부뿐만 아니라 다른 요리에도 두루 사용할 수 있도록, 인덕션 사용이 가능한 둥근 냄비를 추천합니다. 특히 식어도 금방 다시 끓일 수 있는 높이가 낮은 냄비나 대류가 잘 일어나는 구조를 갖춘 냄비가 좋습니다. 열전도율이 높고 관리하기 쉬운 스테인리스 냄비는 식탁에 인덕션을 놓고 샤부샤부를 즐기고 싶은 사람에게 합리적인 선택이 될 수 있습니다.

다양한 일본 전골 요리

전골 요리는 보통 전국 각지의 향토 요리에서 유래한 경우가 많아요. 따라서 각 지역에서 생산되는 신선한 식재료를 이용해 담백하게 조리하는 것이 일반적입니다. 국물의 풍미에 따라 일본의 전골 요리는 크게 세 가지로 나뉩니다.

- **가다랑어포 다시나 물에 끓인 전골** — 다시나 물에 재료를 넣고 끓인 후 각자의 그릇에 담아 먹는 전골 요리입니다. 아주 담백하고 깔끔한 맛이 특징이며 상큼한 폰즈 소스, 유즈코쇼, 초피 가루, 시치미 등 다양한 향신료나 양념에 찍어 먹으면 맛이 한층 살아납니다. 두부를 다시에 넣어 먹는 유도후, 대구 같은 흰 살 생선을 넣어 먹는 지리나베, 닭고기를 넣어 먹는 미즈타키, 돼지고기를 넣어 먹는 조야나베 그리고 샤부샤부 등이 있습니다.
- **연한 양념으로 끓인 전골** — 다시에 연한 양념으로 맛을 더해 끓인 후 건더기와 국물을 함께 즐기는 전골 요리입니다. 다양한 어묵을 넣어 끓이는 오뎅나베, 스모 선수들의 식사에서 유래한 전골로 어패류, 고기류, 채소를 함께 넣고 푸짐하게 끓이는 창코나베, 지역 특색을 살린 다양한 재료를 넣고 끓이는 모둠 전골 느낌의 요세나베, 스키야키 냄비에 우동을 넣어 끓이는 오사카 향토 요리 우동스키 등이 있습니다.
- **진한 양념으로 끓인 전골** — 국물을 자작하게 잡아 깊고 진한 맛이 특징입니다. 대표적으로 스키야키가 있습니다.

재료 알아가기

향신료와 양념 | 薬味 야쿠미

전골 요리의 포인트는 유지(기름), 향미, 산미를 잘 활용하는 것입니다. 특히 향미 채소의 풍미와 감귤류의 산미는 매우 중요해서, 아주 조금만 사용해도 요리에 계절감을 담고 맛이 한층 살아납니다. 이렇게 주요리에 곁들이는 다양한 향신료와 양념을 야쿠미라고 합니다. '약이 되는 맛'이라는 뜻이지요. 야쿠미는 식재료 자체부터 고유의 조리법으로 만든 양념까지, 아우르는 범위가 꽤 넓어요. 냉장고에 남은 자투리 재료로 만들어 왠지 맛이 나지 않는 전골도, 적절한 향신료와 양념을 더하면 한 단계 업그레이드됩니다. 레몬, 라임, 유자, 영귤 등 감귤류로 산미를 더하고, 고추나 유즈코쇼, 시치미, 초피 가루, 고추장 등으로 매운맛을 더할 수도 있습니다. 파, 양하, 부추, 바질, 고수 등 다양한 향미 채소와 젓갈, 장아찌, 김치, 고추장 같은 한국 식재료도 잘 사용하면 훌륭한 야쿠미가 됩니다.

엄마의 나베

요즘 들어 나이가 먹어서인지, 엄마 맛이 그리워서인지 연한 간장을 살짝 넣은 다시에 담근 오히타시나 유도후가 정말 맛있게 느껴진다. 지금 생각해 보면 어머니께서 만들어 주신 저녁 반찬은 언제나 일본 요리였다. 가끔 양식을 하셔도 인스턴트 루로 만든 화이트 스튜나 카레, 감자 고로케, 당근을 듬뿍 갈아 넣은 햄버그스테이크 정도였다. 오므라이스나 바삭한 돈카츠, 미디엄으로 구운 두툼한 스테이크, 보글보글 끓는 비프 스튜를 만드는 어머니는 본 기억이 없다. 셰프인 아버지를 잘 활용하는 게 중요하다고 믿어 의심치 않던 어머니께서는, "제국호텔 맛은 아빠만 낼 수 있어" 하며 아버지와 함께 저녁 먹는 날을 학수고대하셨다. 그래서 오븐 요리나 푹 끓이는 비프 스튜는 어릴 때부터 줄곧 '아버지의 맛'이라고 생각해 왔다.

아버지께서 일로 늦으시는 날에는 어머니, 남동생, 나 셋이서 저녁을 먹었다. 어머니께서 만든 시금치 오히타시, 슈퍼에서 사온 생선회, 고기 미소를 얹은 무 조림, 가지 미소 볶음, 냉두부, 단호박 조림, 누카즈케(쌀겨 절임) 등 심플하고 담백한 엄마표 일본 요리를 나는 말도 못하게 싫어했다. 반항심이 남들보다 두 배였던 막돼먹은 사춘기 딸의 반찬 투정도 "어쩌니, 그럼 밥이랑 미소시루라도 먹어" 하시며 너그럽게 받아주시던 어머니께서는 이제 세상에 안 계신다. 정작 나는 두 아들이 사춘기일 때 어머니처럼 너그럽게 대하지 못했다. 사춘기 아들을 어떻게 대해야 할지 고민할 때 어머니께서 곁에서 조언해 주셨다면 분명 마음이 훨씬 가벼웠을 텐데. 멀리 떨어져 살다 보면 전화로는 전할 수 없는 일들이 있게 마련이다. 어머니 맛이 그리워져, 뒤늦게나마 존경의 마음을 담아 첫 수확한 늙은호박을 간장으로 달콤하게 조려본다.

어머니께서 가끔 나베를 끓이실 때는 내 반항심도 살짝 수그러들어 "와! 나베네. 무슨 나베?" 하고 뚜껑을 열어봤다. 그리고 다시마와 두부만 보글보글 끓고 있으면 조용히 뚜껑을 닫고 내 방으로 올라갔다. 어머니께서는 묵묵히 계시다 어느 정도 시간이 흐르면 "달걀로 죽 끓였으니 내려와" 하고 아래층에서 나를 부르셨다. 나라면 처음부터 두 아들에게 "왜 안 먹어? 유도후 안 먹기만 해봐. 앞으로 밥 없어!" 하며 꽥꽥거렸을 텐데. 물론 사춘기 아들들에게 일본의 슴슴한 유도후를 해준 적은 없다.

소고기 요리를 별로 안 하시던 어머니께서 가끔 만들어 주시던 소고기 요리 중 하나가

스키야키였다. 어머니께서는 원래 고기를 안 드셨지만, 우리를 위해 무거운 남부철기 냄비를 꺼내 휴대용 가스레인지에 올리고 스키야키를 해 주셨다. 외할머니께서 교토 출신이라 어릴 때부터 간사이풍 음식에 익숙하셨기에, 우리 집 엄마표 스키야키도 간사이풍이었다. 뜨거운 스키야키 냄비에 소기름을 바르고 소고기를 올린 다음 바로 설탕과 간장을 듬뿍 넣는다. 설탕이 녹으면 소고기에 맛이 잘 배어들도록 재빨리 젓가락으로 섞어준다. 30초도 안 걸리는 그 시간이 어릴 때는 얼마나 길게 느껴지던지! 달콤하고 짭조름한 소고기를 달걀에 찍어 후후 불어가며 먹던 그 시간은 정말 맛있고 마음이 푸근한 순간이었다. 분명 많은 일본인들이 그렇겠지만 나도 그 마음 푸근해지는 맛을 사무치게 좋아해서, 한국에서 30년 넘게 살면서도 아직 그 맛을 잊지 못한다.

저녁 메뉴로 스키야키가 떠오르는 초겨울에, 어머니께서 돌아가셨다. "한국에서는 엄마가 싫어하는 돼지고기, 그것도 삼겹살을 이렇게 그냥 구워서 여러 가지 소스를 곁들여 상추에 싸 먹어" 하면서 삼겹살을 구워 드린 적이 있는데, 정작 스키야키는 해 드린 적이 없다. 이제 와서 문득 든 생각에 가슴이 먹먹해진다. 내가 만든 스키야키 맛을 어떻게 평가하셨을까? 어머니의 한마디가 정말 궁금하지만 이제는 들을 수 없다. '부모를 잃어봐야 그 사랑을 안다'는 말이 요즘 들어 절실히 와 닿는다. 어머니의 맛을 오감으로 느끼고 자란 덕분에 지금 외국에서 일본 요리를 가르칠 수 있다는 것도. 그 맛을 어떻게 이어나가야 할까? 일본의 식문화를 맛에 담아, 많은 이들에게 전할 수 있기를 진심으로 바란다.

Chapter 9

麵 멘 면

세계 여러 나라를 여행해 봤지만 면 요리를 이렇게 좋아하고, 면 종류나 먹는 방식이 이렇게 다양한 나라는 일본과 한국뿐이지 않을까 싶습니다. 한국 사람들이 점심으로 면 요리를 자주 먹듯이, 일본에서도 점심시간이면 전국의 우동집, 소바집, 라멘집, 파스타 전문점 앞에 줄이 길게 늘어섭니다. 일본 면 요리의 특징은 제철 식재료와 각 지방의 특색을 살린 다시와 양념으로, 결국 '고향의 맛'이자 '우리 집의 맛'이라는 것입니다.

더위에 지쳐 식욕이 떨어지는 여름에는 중화 냉면 히야시주카, 쌀쌀한 겨울에는 자투리 재료를 주섬주섬 꺼내 푹 끓인 나베야키우동. 이렇게 간편하게 뚝딱 만들어 먹을 수 있는 게 바로 면 요리죠. 우리 집 팬트리에도 한국 소면, 이탈리아 파스타, 동남아 쌀국수와 일본의 각종 건면들이 늘 준비되어 있습니다. 일식과 양식, 일식과 한식 레시피를 조합해서 언제든지 창의적인 면 요리를 해 먹을 수 있도록 말이에요. 엄청난 면 애호가인 둘째 아들은 스스로 면 요리를 곧잘 만들어 먹는데, 밥 짓는 데는 눈곱만큼도 관심이 없어서 엄마로서 잔소리가 절로 나와요. 지난여름에는 히야시추카 레시피를 알려주니 거의 매일 해 먹더군요.

이번에 소개할 일본의 면 요리를 고르면서 고민이 많았습니다. 하지만 결국은 내가 좋아하는 것들로 고르게 되었습니다. 이 챕터를 통해 면의 종류, 다시의 종류, 조리 방법의 차이 등 일본 면 요리의 다양성을 경험할 수 있다면 기쁘겠습니다.

차가운 미소시루 소면

冷や汁素麺 히야지루소우멘

미야자키의 향토 요리인 히야지루에 얼음물로 시원하게 식힌 소면을 넣어봤습니다. 원래 보리밥에 부어 먹는 음식이지만, 최근에는 다양한 방식으로 즐기고 있어요. 나는 녹차와 함께 즐기는 보리굴비, 제주 옥돔 등 반건조 생선을 활용해 여름이 되면 히야지루를 만들어 먹습니다. 고소한 참깨 맛 미소시루에 상큼한 오이, 향긋한 채소를 넣어 즐기는 차가운 미소시루 소면. 여름철 별미 점심 메뉴로 추천합니다.

분량

4인분

재료

다시 800ml, 미소 60g, 반건조 생선(굴비, 옥돔 등) 1~2마리, 오이지 1개, 생강 10g, 시소 4~5장, 참깨 50g, 소면 4다발(200g)

☞ 재료에서 소면은 가는 우동, 한국식 소면, 메밀 면 등 기호에 맞는 면으로 대체할 수 있다.

만들기

1. 다시를 데우고 체를 사용해 미소를 푼 다음 냉장실에 넣어둔다.
2. 생선은 바싹 구워서 살만 발라 잘게 찢는다.
3. 오이지는 얇게 슬라이스해 물에 10분 정도 담갔다가 물기를 꼭 짠다. 짜지 않은 오이지는 그대로 잘라 써도 된다.
4. 생강과 시소는 가늘게 채 썰고 각각 물에 담갔다가 물기를 뺀다.
5. 참깨를 절구에 갈아 1의 국물에 섞은 후 다시 냉장실에 넣어둔다.
6. 소면은 포장지의 조리법을 참고해 삶은 다음 얼음물에 잘 씻어 물기를 뺀다.
7. 그릇에 소면을 담고 5의 미소시루를 붓는다. 생선살, 오이지, 생강, 시소를 올린다.

일본식 중화 냉면

冷やし中華 히야시추카

한국에서는 오래전부터 라멘이 일본 요리로 알려졌고 인기도 많지요. 하지만 내가 정말 좋아하는 일본식 중화 냉면 히야시추카는 의외로 모르는 분들이 많습니다. 그래서 초여름이면 늘 요리 교실에서 수강생들과 함께 만드는 메뉴입니다. 오이, 토마토, 당근, 햄, 달걀 등 냉장고에 흔히 있을 법한 재료들로 만드는 든든한 일본식 중화 냉면 한 그릇. 맛의 포인트는 참기름을 더한 소스입니다. 생강이 없다고 마늘을 넣지는 말아주세요!

분량

2인분

재료

오이 1/2개(100g), 당근 1/3개(70g), 토마토 2개(300g), 햄 4~5장, 중화 면(생면) 2개

— 소스

A : 간장 6큰술, 쌀 식초 6큰술, 미림 2큰술, 머스코바도 설탕 4큰술, 물 3큰술

B : 올리브유 3작은술, 참기름 2작은술, 생강즙 1작은술, 레몬즙 2작은술

— 달걀지단

달걀 2개, 설탕 1/2작은술, 소금 1자밤, 식용유 1큰술

— 곁들임

겨자, 마요네즈

만들기

1. 냄비에 소스A 재료를 넣어 한소끔 끓이고 살짝 식으면 소스B 재료를 섞는다. 냉장실에 넣어 차갑게 식힌다.
2. 오이는 5cm 길이로 채 썰어 소금에 절였다 물기를 짠다. 당근도 5cm 길이로 채 썰어 끓는 물에 데친다.
3. 토마토는 반 잘라 얇게 슬라이스하고, 햄은 5cm 길이로 채 썬다.
4. 볼에 달걀, 설탕, 소금을 고루 푼 뒤 팬에 식용유를 두르고 얇게 지단을 부친다. 식힌 다음 5cm 길이로 채 썬다.
5. 중화 면은 포장지의 조리법을 참고해 삶은 다음 차가운 물에 씻어 물기를 뺀다.
6. 그릇에 면을 담고 1의 소스를 뿌린 다음 2, 3의 채소와 햄, 달걀지단을 얹는다. 기호에 따라 겨자나 마요네즈를 곁들인다.

전골 우동

鍋焼きうどん 나베야키우동

30년 전 한국에 살기 시작했을 때, 일식당 메뉴에는 꼭 나베야키우동이 있었습니다. 나름 일본 우동과 비슷했지만, 면발의 쫄깃함은 늘 아쉬웠어요. 그래도 한국의 매운 음식과 강추위에 적응하지 못했던 당시라 자주 먹었던 기억이 납니다. 나베야키우동은 냉장고 속 자투리 재료를 잘 활용하면 누구라도 쉽게 만들 수 있어요. 레시피의 생새우 대신 냉동 새우나 반찬 가게의 새우튀김, 분식집 오징어튀김을 올려도 좋습니다. 다만 다시는 인스턴트 제품이라도 가다랑어 맛이 나는 것을 사용해야 제맛이 납니다.

분량

1인분

재료

물 500ml, 가다랑어포 15g, 만가닥버섯 40g, 게맛살 1개, 유부 2장, 새우 1마리, 우동 면(냉동 또는 건조 면) 1개, 표고버섯 1개, 달걀 1개, 대파 흰 부분·시금치 적당량, 소금 약간

— 양념

간장 1큰술, 청주 1큰술, 미림 1큰술, 소금 1/4작은술

— 곁들임

시치미

만들기

1. 냄비에 물을 붓고 끓이다가 가다랑어포를 넣어 3~4분 정도 끓인다. 거품을 걷어내고 가다랑어포를 면포에 걸러 다시를 완성한다.
2. 대파는 1~1.5cm 두께로 어슷썰기하고 만가닥버섯, 게맛살, 유부는 먹기 좋은 크기로 썬다.
3. 새우는 등을 갈라 내장을 꺼내고 소금을 넣은 끓는 물에 2분 정도 데친 후 식혀서 껍데기를 벗긴다.
4. 시금치는 끓는 물에 데쳐 먹기 좋은 크기로 자르고 물기를 꼭 짠다.
5. 1인용 뚝배기에 1의 다시와 양념을 섞고 대파, 만가닥버섯, 유부를 넣고 중불로 끓인다.
6. 국물이 끓기 직전에 우동 면을 넣어 한소끔 끓이다 약불로 줄이고 면이 부드럽게 풀릴 때까지 끓인다.
7. 표고버섯을 넣고 중앙에 달걀을 깨서 넣은 후 반숙 정도로 익을 때까지 끓인다.
8. 불을 끄고 게맛살, 새우, 시금치를 넣고 뚜껑을 덮어 낸다. 기호에 따라 시치미를 뿌려 먹는다.

대파 크림 메밀 면

蕎麦と長ねぎのクリーム炒め 소바토나가네기노쿠리무이타메

대학생 시절부터 유럽을 오가던 나는 우동, 메밀 면, 소면 등 다양한 건면을 꼭 여행 가방에 넣어 다녔습니다. 어머니께서 인스턴트 쓰유도 챙겨 주셨는데, 가다랑어포나 멸치로 정성껏 우린 어머니의 다시에 입맛이 길들여져 거의 쓰지 않았어요. 그래도 이왕 가져온 메밀 면을 먹고 싶어서 독일의 진한 생크림을 사용해 버섯과 함께 볶아 만든 것이 이 파스타풍 레시피입니다. 물론 메밀 면은 쓰유와 함께 먹는 게 가장 맛있지만, 가끔은 퓨전 스타일이 당기는 날도 있으니까요.

분량

2인분

재료

대파 흰 부분 45g, 만가닥버섯 100g, 메밀 면 2다발(200g), 올리브유 1큰술, 생크림 100ml, 연한 간장 적당량, 소금·후춧가루 약간씩

만들기

1. 대파는 3~5mm 두께로 어슷썰기하고, 만가닥버섯은 밑동을 자른다.
2. 메밀 면 포장지의 조리법을 참고해 면을 삶는다.
3. 팬에 올리브유를 두르고 강불에 대파를 볶다가 숨이 죽으면 생크림을 넣는다.
4. 크림이 끓기 시작하면 간장과 소금으로 간을 맞추고 불을 끈다.
5. 메밀 면이 다 삶아지면 강불로 4의 크림소스를 끓인다. 채반에 밭쳐 물기를 뺀 메밀 면을 넣어 크림소스와 버무린다. 메밀 면은 조리법에 적힌 권장 시간보다 1분 정도 빨리 건지면 알덴테로 즐길 수 있다.
6. 그릇에 담고 후춧가루를 듬뿍 뿌린다.

따뜻한 메밀국수

かけ蕎麦 가케소바

일본 메밀 요리의 기본 중 기본이라고 할 수 있는 가케소바. 매년 12월 31일, 제야의 종소리를 들으며 먹는 장수 기원 해넘이 소바(토시코시소바)도 이 따뜻한 메밀국수입니다. 면과 대파에 유자 껍질 한 조각만 넣으면 되는 간단한 요리인 만큼 다시를 정성껏 우려주세요. 가케소바에 유부를 넣으면 기쓰네소바, 오리고기를 넣으면 카모난반소바, 간 마를 넣으면 토로로소바 등으로 응용할 수 있습니다.

분량

2인분

재료

대파 흰 부분 10g, 대파 초록 부분 10g, 가다랑어포 다시 또는 멸치 다시 600ml, 메밀 면 2다발(200g)

— 양념

간장 4큰술, 미림 4큰술

— 고명

유자 껍질·시치미 약간씩

☞ 재료에서 양념은 시판 쓰유 60~70ml로 대체할 수 있다.

만들기

1. 대파 흰 부분과 초록 부분은 각각 10cm 길이로 준비해 먼저 세로로 반 자르고, 다시 5~6mm 폭으로 길게 자른다.
2. 냄비에 다시와 양념 재료를 넣고 중불로 끓인다. 한소끔 끓으면 대파를 전부 넣고 한 번 더 끓인 다음 약불로 줄여 1~2분 정도 끓인다.
3. 메밀 면 포장지의 조리법을 참고해 면을 삶는다. 끓는 물에 메밀 면을 넣고 젓가락으로 저어주다 다 익으면 채반에 밭쳐 물기를 뺀다.
4. 면을 삶으며 2의 국물을 데운다. 그릇에 면을 담고 바로 따뜻한 국물을 붓는다.
5. 면이 달라붙지 않도록 젓가락으로 살짝 저은 후 유자 껍질을 강판에 곱게 갈아 뿌린다. 기호에 따라 시치미를 뿌린다.

고치소우 소면

ごちそう素麺 고치소우소우멘

소면은 1분이면 삶으니 되도록 불을 쓰고 싶지 않은 더운 여름에 그만입니다. 한여름 오후, 불쑥 손님이 찾아왔을 때도 차가운 소면은 손님맞이 요리로 손색이 없습니다. 예쁘게 담아내려면 삶기 전에 면을 실로 묶고, 삶은 후에는 찬물에 빠르게 식힌 다음 물기를 빼주세요. 먹는 동안에는 얼음 위에 올려 촉촉하게 차가운 온도를 유지합니다. 새우나 전복처럼 담백하게 삶거나 찐 재료를 곁들이면 더욱 다채롭게 즐길 수 있습니다.

분량

4인분

재료

가지 4개(600g), 새우 4마리, 소면 8다발(400g), 시소 10장, 얼음 약간

— 쓰유

다시 : 멸치 8마리, 표고버섯 5개, 다시마 1장(10×10cm 크기), 가다랑어포 1줌, 물 1L

양념 : 간장 100ml, 미림 100ml

— 달걀지단

달걀 2개, 달걀노른자 1개, 설탕 1작은술, 연한 간장·식용유 약간씩

— 곁들임

간 생강

만들기

1. 쓰유용 멸치는 머리와 내장을 제거하고 세로로 찢어 나머지 다시 재료와 함께 냄비에 넣고 3시간 정도 둔다. 양념 재료를 더해 중불로 끓인다. 잔잔히 끓어오르기 시작하면 불을 끄고 걸러내 식힌다.
2. 볼에 달걀, 달걀노른자, 설탕, 간장을 섞은 후 팬에 식용유를 두르고 얇게 지단을 부쳐 식힌 다음 채 썬다. 지단 색을 선명하게 내고 싶을 경우, 달걀노른자를 하나 더 넣으면 된다.
3. 가지는 석쇠나 그릴에 올려 껍질이 까맣게 탈 때까지 구운 다음 볼에 넣고 랩으로 밀봉한다. 미지근하게 식으면 껍질을 벗겨 흐르는 물에 살짝 씻은 후 물기를 뺀다. 손으로 찢어 반으로 가른다.
4. 새우는 데쳐서 머리와 꼬리를 남기고 껍데기를 벗긴다.
5. 소면의 끝을 실로 2회 감아 묶는다. 끓는 물에 소면의 묶은 부분이 아래로 가도록 1다발씩 넣어 삶는다. 면이 들러붙지 않도록 젓가락으로 저으며 익히다가 끓어 넘치려 하면 찬물을 조금 붓는다. 다시 한번 끓어 넘치려 할 때 면을 꺼내 얼음물에 넣고 빠르게 식힌다.
6. 소면의 묶은 부분을 잡고 얼음물에서 꺼내 젓가락으로 가볍게 훑어서 물기를 뺀다. 도마에 소면 다발을 가지런히 늘어놓고 묶은 부분을 자른다.
7. 소면을 적당량씩 젓가락으로 집어 얼음물에 살짝 담갔다 건지고 손으로 훑어 물기를 뺀다. 그릇에 얼음을 깔고 소면을 가지런히 모양 잡아 담은 다음 시소, 달걀지단, 가지, 새우를 옆에 담고 간 생강을 곁들인다.
8. 1의 쓰유를 함께 낸다. 튀김을 곁들여 먹으면 잘 어울린다.

5

면

일본 요리 면 삶기의 정석

(첫째) **물은 많이, 면은 적게** — 먼저, 면 무게의 10배 정도 되는 양의 물을 끓여주세요. 또 면을 한꺼번에 많이 넣으면 균일하게 익히기 어려우니, 3인분 이상은 한 번에 넣지 않습니다. 시간이 좀 걸리더라도 1인분씩, 한 다발씩 삶으면 실패하지 않아요. 생면은 면발에 뿌려놓은 가루를 잘 털어내고 삶아야 합니다.

(둘째) **강불에서 약불로, 그 사이에 차가운 물 붓기** — 시작은 강불로, 끓어오르면 차가운 물 붓기, 마무리는 약불로! 일본 요리에서 면을 잘 삶는 공식입니다. 물이 팔팔 끓을 때 면을 넣고 젓가락으로 가볍게 휘저으며 계속 강불에서 삶다 물이 끓어 넘치려 할 때 차가운 물을 반 컵 정도 부어주세요. 끓어오르던 물이 잠잠해지면 약불로 낮추고 면이 잘 풀리도록 저어가며 원하는 익힘 상태까지 삶으면 됩니다.

(셋째) **삶는 시간은 권장 조리법대로** — 일반적인 권장 시간은 다음과 같습니다. 라멘 면은 따뜻하게 먹을 때 1분 30초~2분, 차갑게 먹을 때 2분 30초~3분 정도 삶습니다. 우동 면은 따뜻하게 먹을 때 6분, 차갑게 먹을 때 8분 정도 삶습니다. 메밀 면은 따뜻하게 먹을 때 1분 30초~2분, 차갑게 먹을 때 3~4분 정도 삶습니다. 면을 차갑게 먹는 경우에는 오래 끓여 부드럽게 만들고, 냄비 우동처럼 익힌 면을 한 번 더 끓이는 경우에는 처음에는 단단하게 삶는 등 시간을 조절합니다. 냉동 면은 반드시 냉동 상태로 삶아주세요. 해동하면 면끼리 들러붙어 덩어리가 되기 쉽습니다.

(넷째) **차가운 물에 비벼 헹굴 것** — 국수를 삶은 후 차가운 물에 바락바락 씻어서 전분기를 빼면 면발이 한층 탱글탱글해져요. 차갑게 먹는 면은 삶아서 찬물에 비벼 씻은 뒤 물기를 잘 빼고 쓰유에 찍어 먹으면 됩니다. 따뜻하게 먹는 면은 삶아서 찬물에 비벼 씻은 다음 물기를 잘 빼고, 뜨거운 물로 면을 다시 데워 물기를 털어낸 후 국물에 넣어 먹습니다.

일본의 면 이야기

○ **우동** — 우동은 한국의 칼국수처럼 밀가루에 물을 넣고 반죽해서 만든 면입니다. 일본에서는 냉국수에 사용되고 소면보다 살짝 굵은 히야무기, 넓고 납작한 기시멘, 그리고 수제비까지도 우동에 속합니다. 쫄깃하면서도 목 넘김이 부드럽고 배도 든든하게 채워주는 우동의 매력. 역사가 메밀 면(소바)보다 오래된 만큼, 우동을 활용한 향토 요리도 많습니다. 맑은 국물에 달게 양념한 유부를 얹어 먹는 오

사카의 기쓰네우동, 진한 국물에 두꺼운 면을 찍어 먹는 미에현의 이세우동, 숙성 기간이 길어 굵지만 투명하고 매끈한 면을 차갑게 먹는 군마현의 미즈사와우동, 넓고 납작한 면을 사용한 아이치현의 키시멘, 굵고 쫄깃한 식감으로 유명한 가가와현의 사누키우동, 수타면 제법으로 만든 아키타현의 얇고 평평한 이나니와우동, 대나무를 이용해 제면하는 토야마현의 히미우동, 나가사키의 고토우동 등이 대표적입니다.

○ **소바** — 소바는 메밀 열매를 찧은 메밀 가루를 가공한 면입니다. 일본 제면협동조합 연합회의 기준에 따르면 메밀가루 30% 이상, 밀가루 70% 이하 비율로 섞은 것을 니혼소바라고 합니다. 소바의 매력은 다양한 방식으로 향을 즐기는 것. 한입씩 쓰유에 찍어 먹는 모리소바나 자루소바, 따뜻한 쓰유를 부어서 먹는 가케소바 등이 대표적이에요. 12월 31일에는 장수를 기원하며 토시코시소바를 먹는 전통도 있습니다. 이와테현 모리오카의 완코소바, 니가타현의 헤기소바, 나가노현의 도가쿠시소바, 메밀의 80% 이상 정제해 흰색을 띠는 사라시나소바, 메밀을 껍질째 갈아 진한 색과 향을 내는 시마네현의 이즈모소바, 가루 차를 섞은 차소바, 뜨거운 기와에 올려 나오는 가와라소바 등 일본 전국에서 기후와 풍토에 맞게 소바의 맛을 즐기고 있습니다.

○ **중화 면** — 밀가루에 물(탄산칼륨, 탄산나트륨 등이 주성분인 간수 칸스이 포함)을 더해 반죽해 만든 면 또는 제면 후 가공한 면입니다. 라멘, 야키소바, 히야시추카 등의 중화요리에 폭넓게 사용되는 중화 면은 면의 탄력이 좋고, 노란색을 띠며, 특유의 향을 가지고 있습니다. 최근에는 쓰유에 찍어 먹는 츠케멘이나 국물 없이 비벼 먹는 아부라소바 등 새로운 방식으로 중화 면을 즐기고 있습니다.

재료 알아가기

양하 | 茗荷 묘가

일본의 대표적인 향미 채소인 양하는 땅속 줄기에서 올라오는 꽃 부분을 먹기에 꽃 양하(하나묘가)라고도 부릅니다. 생으로도 먹을 수 있고, 잘게 썰어 가다랑어포와 간장을 뿌려 먹거나 미소시루의 재료로, 다양한 요리의 고명으로도 활용합니다. 가지와 함께 요리하면 궁합이 아주 좋아요. 또한 초절임을 하면 붉은색이 더 선명해지고 보관 기간도 늘어납니다. 양하의 상큼한 향은 알파피넨이라는 정유 성분에서 비롯되었으며, 이 성분은 식욕을 증진하고 열을 내리며, 소화를 촉진하고 혈액 순환을 도와 여름철 더위로 약해진 체력을 보강해 줍니다. 양하는 젖은 키친타월로 싸서 냉장실의 채소 칸에 보관하면 10일 정도 사용할 수 있습니다. 잘게 썰어 냉동실에 넣어두고 활용해도 좋아요.

Chapter 10

절임

漬け物 츠케모노

어린 시절부터 밖으로 나돌던 시간이 많았던 나는, 일찍 독립하는 바람에 어머니께 일본 가정 요리를 제대로 배우지 못했습니다. 이제 와서 후회해도 소용없지만, 어머니의 츠케모노 솜씨를 전수받지 못한 것은 정말 아쉬워요. 사방이 산으로 둘러싸인 나가노현에서 자란 어머니의 츠케모노 솜씨는 정말 일품이었거든요.

옛집 부엌의 마룻바닥에 있던 여닫이문을 잡아당기면 흙과 나무 들보가 보였고, 그 안 깊숙한 곳에 50cm 정도 크기의 항아리가 놓여 있었습니다. 어머니께서는 '영차' 하며 항아리를 꺼내서는 그 안에 손을 넣어 나긋하게 절여진 오이나 가지 같은 채소들을 꺼내셨어요. 그리고 깨끗이 씻어 먹기 좋게 썰어서 식탁에 올리셨죠. 바로 일본 영화에서도 자주 등장하는 쌀겨 절임 누카즈케입니다. 그 당시 어렸던 나는 담그는 법 같은 건 나 몰라라 하며 관심이 없었고, 항아리 속을 휘휘 뒤적이던 어머니 모습이 재미있었던 것만 기억납니다.

일본의 절임 요리는 소금, 누룩, 쌀겨, 간장, 미소 등을 사용해 식재료를 보존하는 방법입니다. 발효를 통해 재료의 영양가가 높아지고, 깊은 맛과 감칠맛이 더해집니다. 신기하게도 츠케모노는 같은 레시피임에도 만들 때마다 맛이 달라지는데, 이게 또 츠케모노만의 매력입니다. 한국 김치가 그렇듯이요. 이 챕터에서는 일본의 절임 요리 중에서도 한국에서 쉽게 구할 수 있는 식재료로 부담 없이 만들 수 있는 즉석 절임 요리 아사즈케를 소개합니다. 마치 샐러드를 만들듯 가벼운 마음으로 도전해 보세요.

연근 겨자씨 절임

れんこんの粒マスタード漬け 렌콘노츠부마스타도즈케

피클과는 다른 서양식 절임 요리로, 새콤달콤한 맛 사이로 알싸한 겨자씨가 톡톡 터집니다. 피클은 오래 보관하기 위해 절임용 식초를 끓여 붓는데, 아사즈케는 양념에 채소를 절이기만 하면 되니 매우 간단합니다. 양념을 다양하게 변형해 중식이나 한식 스타일로도 즐겨보면 어떨까요? 색다른 맛을 경험할 수 있을 거예요.

분량

2~3인분

재료

연근 1개(200g)

— 양념

겨자씨(홀그레인 머스터드) 2큰술, 간장 1과 1/2큰술, 쌀 식초 2큰술, 꿀 2작은술

만들기

1. 연근은 껍질을 벗기고 3mm 두께로 얇게 썰어 물에 담근다.
2. 끓는 물에 연근을 1분간 데친 후 채반에 밭쳐 물기를 빼고 그대로 식힌다.
3. 양념 재료를 섞는다.
4. 지퍼백에 데친 연근과 양념을 넣고 밀봉해 양념이 잘 배어들도록 주무른 다음 냉장실에서 30분 정도 절인다.

가지 겨자 절임

なすの辛子漬け 나스노카라시즈케

갓 만들어 향긋하고 신선하게 즐기는 절임 요리입니다. 이 레시피는 간단한 버전이라 생략했지만, 원래는 식초를 넣기 전에 절임용 소금물 다테시오에 재료를 담가둡니다. 절임용 소금물은 바닷물과 비슷한 약 3% 농도로 만들어 사용해요. 여기에 채소를 20~30분간 절이면 채소의 숨이 죽고 적당한 짠맛이 배어듭니다. 볼이 아닌 지퍼백에 절일 때는 채소와 절임 양념을 넣고 밀봉해 재료에 맛이 배어들도록 주무른 다음 공기를 빼고 냉장실에 보관합니다. 이렇게 하면 5일 정도 신선하게 먹을 수 있어요.

분량

4~5인분

재료

가지 3개(300g), 소금 1작은술, 쌀 식초 1/2큰술, 물 적당량(가지가 잠길 정도)

— 양념

머스코바도 설탕 2큰술, 간장 1큰술, 쌀 식초 2작은술, 겨자가루 1~2작은술(또는 연겨자 2~3작은술)

만들기

1. 가지는 꼭지를 제거하고 필러로 껍질을 대충 벗긴 다음 세로로 반 갈라 5mm 두께로 자른다. 물에 30분간 담갔다 건져 물기를 뺀다. 이렇게 하면 가지의 쓴맛이 빠진다.
2. 볼에 가지를 담고 소금, 식초를 넣어 1시간 정도 절인다. 물기가 나오면 꼭 짠다.
3. 양념 재료를 넣어 버무린 다음 볼에 랩을 씌우고 냉장실에 보관한다. 하룻밤 지나 먹는다.

채소 초절임

甘酢漬け 아마스즈케

여름 채소가 맛있어지면 달콤한 식초 절임인 아마스즈케를 자주 만들어 먹습니다. 아마스즈케는 일반적인 초절임 양념인 산바이즈보다 더 달달한 편이에요. 아마스즈케 종류에 따라 알코올을 날린 농축 미림이나 청주, 감자 전분 등을 넣는데, 아사즈케로 절일 때는 다시, 소금, 설탕, 식초, 다시마만 넣습니다. 절임용 소금물에 담그지 않고 생채소로 바로 절이는데도 다시 맛이 제대로 배어 새콤달콤하게 먹을 수 있어요. 여름철 더위로 지쳤을 때 냉장실에 보관해 두었다가 꺼내 먹기 좋은 반찬입니다.

분량

4~6인분

재료

오이 1개(200g), 래디시 8개(또는 알타리무 2개), 여러 색 파프리카 200g, 주키니 호박 1/2개 또는 애호박 1개(300g)

— 양념

가다랑어포 다시 200ml, 쌀 식초 100ml, 머스코바도 설탕 2큰술, 소금 2작은술

만들기

1. 모든 채소는 한입 크기로 자른다.
2. 볼에 양념 재료를 섞는다.
3. 양념에 자른 채소를 넣고 버무린 다음 랩을 씌워 냉장실에서 30분 정도 절인다. 지퍼백이나 유리병에 담아도 좋다. 냉장실에 보관하면 1주일 동안 두고 먹을 수 있다.

오이 미소 절임

きゅうりの味噌漬け 큐리노미소즈케

현재 본가가 있는 일본 가나자와는 누룩을 활용한 요리가 다양한 지역으로, 그곳에서 킨조즈케를 처음 접했습니다. 계절 채소를 코우지 미소와 지역 고유의 술지게미에 절여 반찬으로 딱 좋았어요. 그 절묘한 맛을 그대로 재현하고 싶었지만, 아쉽게도 한국에서는 일본 지방 사케의 술지게미를 구할 수 없었지요. 그래서 미소와 참기름으로 맛을 낸 '히데코 스타일 미소 절임'을 만들어봤습니다. 여름 절임 반찬으로 오이와 청시소를 사용했는데, 한국의 깻잎과 제철 채소를 활용해도 재미있지 않을까요?

분량

4~5인분

재료

오이 2개(400g), 시소 5장,
다시마(다시 내고 남은 것) 3g,
간 생강 1작은술

— 양념

미소 1큰술, 쌀 식초 1큰술,
참기름 1/2큰술

만들기

1. 볼에 양념 재료를 잘 섞는다.
2. 오이는 3mm 두께로 자르고, 시소는 채 썬다.
3. 다시마는 가늘게 채 썬다.
4. 양념에 오이, 시소, 간 생강, 다시마를 넣고 버무린 다음 랩을 씌워 냉장실에서 30분 이상 절인다.

요로즈즈케

よろず漬け 요로즈즈케

요로즈는 '온갖'이라는 의미로, 좋아하는 채소를 다양하게 조합해 소금만으로 간단히 절이는 요리를 가리킵니다. 소금 대신 간장을 써도 되고, 오징어채나 불린 다시마를 채 썰어 넣으면 술안주나 전골 요리에 곁들이는 반찬으로도 딱입니다. 원래는 오니오로시라고 하는 나무 강판에 채소를 거칠게 갈아 넣는데, 일반 강판을 사용해도 괜찮습니다. 세 가지 채소는 분량을 잘 조절해 맛있어 보이도록 색감에 신경 써주세요.

분량

4~5인분

재료

다시마 30g, 오징어채 30g,
무 1/2개(400g), 당근 1/2개(100g),
오이 2개(400g)

— 양념

연한 간장 2큰술, 유자즙(또는 레몬즙) 1큰술, 소금 2작은술

만들기

1. 다시마는 물에 불려 채 썰고, 오징어채는 가늘게 찢는다.
2. 무와 당근은 껍질을 벗겨 강판에 갈고, 오이는 껍질째 간다.
3. 볼에 다시마채, 오징어채, 간 채소를 모두 넣고 양념 재료를 넣어 섞는다. 싱거우면 소금으로 간한다.

오이 다시 절임

きゅうりの浅漬け 큐리노아사즈케

담백한 다시를 베이스로 단맛이 살짝 들어가 감칠맛이 좋은 아사즈케. 이런 맛이라면 생채소도 얼마든지 먹을 수 있을 것 같습니다. 소금에 절이는 번거로운 과정은 생략하고, 먹기 좋게 자른 채소를 절임용 식초에 버무려 냉장실에 30분 정도 넣어두기만 하면 완성입니다. 오이는 어슷하게 썰면 빨리 절여지고 아삭한 식감이 좋습니다. 오이와 가지, 양배추와 당근 등 좋아하는 채소를 조합해서 만들어보세요.

분량

4~5인분

재료

오이 2개(400g), 생강 10g

— 양념

쌀 식초 5큰술, 연한 간장 2큰술,
설탕 2작은술, 소금 2작은술,
가다랑어포 다시 300ml

만들기

1. 오이는 세로로 반 잘라 얇게 어슷하게 썰고, 생강은 가늘게 채 썬다.
2. 양념 재료는 섞어둔다.
3. 볼에 오이, 생강을 넣고 양념을 부은 후 랩을 씌워 냉장실에서 30분간 절인다. 오이 양이 많을 때는 지퍼백에 담아 양념이 잘 배도록 문질러준 다음 냉장실에 넣어 30분간 절인다. 냉장실에 보관하면 5일 동안 두고 먹을 수 있다.

절임

일본 요리 아사즈케의 정석

(첫째) **기본 재료 비율 기억하기** – 계절 채소 적당량, 소금은 채소 무게의 2% 분량으로 준비해 주세요. 만드는 데 익숙해지기 전까지는 재료의 무게를 저울로 정확히 계량하는 것이 좋습니다. 저울이 없을 때는 '채소 250g당 소금 1작은술(약 5g)'을 기억하고, 재료를 구입할 때 적용해 보세요.

(둘째) **제대로 절이고 싶을 때는 사각 트레이 두 개로** – 사각 트레이 두 개를 사용하면 효과적으로 절이고, 설거지도 줄일 수 있습니다. 먼저 지퍼백에 자른 채소와 소금(채소 무게의 2% 분량)을 넣고 잘 섞은 뒤 지퍼백의 공기를 뺍니다. 그런 다음 지퍼백을 평평하게 펼쳐서 사각 트레이 두 개 사이에 끼우고 채소 무게의 4~5배에 해당하는 누름돌을 올려 냉장실에 넣어두면 완성됩니다. 누르는 시간은 채소 종류와 무게에 따라 달라집니다.

(셋째) **간단하게 절이고 싶은 때는 볼과 접시로** – 오이나 가지처럼 쉽게 절여지는 채소에 적합한 방법입니다. 채소와 소금을 볼에 섞은 뒤 평평한 접시를 올리고 누름돌로 1~2시간 동안 누릅니다. 재료에 무게가 균일하게 실리지 않는다는 단점이 있지만, 오이처럼 잘 절여지는 채소에는 간편하게 활용할 수 있어요.

(넷째) **향신 채소나 양념을 더할 것** – 절임 주재료에 소금을 넣어 깔끔한 맛의 아사즈케를 만들었다면 그대로 즐겨도 좋고, 참깨나 시소 등 향신 채소나 양념을 부재료로 섞어 다채롭게 즐길 수도 있습니다. 어떤 부재료를 섞느냐에 따라 다양한 풍미의 절임이 탄생해요. 다만 미소, 간장, 겨자, 누룩 소금, 술지게미 등 발효 식품을 절임 주재료로 사용할 때는 부재료를 처음부터 같이 섞어 절여야 합니다.

츠케모노 이야기

일본의 대표적인 저장 식품 츠케모노는 다양한 방식으로 식재료를 절인 음식입니다. 츠케모노의 절임 주재료로는 소금, 쌀겨, 미소, 간장, 누룩, 술지게미, 와사비, 겨자 등이 있으며 첨가하는 부재료로는 가다랑어포, 다시마, 미림, 설탕, 각종 향신료 등이 있어요. 츠케모노는 절이는 과정에서 식재료의 수분이 빠져 맛과 풍미가 진해지고 비타민, 식이 섬유, 미네랄 등의 영양소가 농축됩니다. 또 발효된 츠케모노는 유산균을 함유해 장 건강에도 도움을 줍니다. 절임 재료에 따라 쌀겨 절임인 누카즈케, 간장 절임인 쇼유즈케, 소금 절임인 시오즈케, 술지게미 절임인 카스즈케, 미소 절임인 미소즈케, 겨자 절임인 카라시즈케, 누룩 절임인 코지즈케 등으로 분류할 수 있어요. 또한 미생물 작용에 따른 발효 절임과 발효 식품을 이용한 절임으로 분류하기도 합니다. 그 외에도 절이는 기간에 따라 단시간 절이는 이치야즈케나 아사즈케, 오랜 시간 절이는 후루즈케 등으로 나누기도 합니다. 현재 일본의 츠케모노는 그 종류가 600여 종이 넘는다고 합니다. 전국 각 지방마다 특산물과 절이는 재료, 도구, 절이는 방법, 기후 등에 따라 무수히 많은 츠케모노가 탄생한 것이죠. 예전에는 맛이 진하고 보존 기간이 긴 후르즈케가 주류였으나 요즘에는 제철 채소의 맛을 즐기기 위해 소금을 적게 넣고 짧은 시간 절여 신선한 맛을 즐기는 아사즈케가 인기 있습니다.

재료 알아가기

누룩 | 麹 코우지

쌀누룩의 누룩곰팡이는 누룩을 만들기 위한 사상균의 총칭입니다. 일본을 비롯한 습도가 높은 동아시아, 동남아시아 지역에서만 서식하지요. 그중 일본 누룩곰팡이 코우지카비는 일본의 국균으로 인정받고 있습니다. 누룩곰팡이는 다양한 효소를 생성해 식재료를 부드럽게 하고 발효 식품의 풍미와 단맛을 끌어내는 데 중요한 역할을 합니다. 이를 이용해 만든 발효 식품은 미소, 간장, 미림, 쌀 식초, 감주, 사케, 소주 등이 있으며, 용도에 맞는 종균을 다양하게 사용합니다. 누룩곰팡이는 쌀, 보리, 대두 등에 배양해 누룩의 형태로만 사용할 수 있으며, 배양하는 식재료에 따라 종류가 달라져요. 예를 들어 된장의 재료인 콩과 소금에 쌀누룩을 넣으면 쌀된장, 보리누룩을 넣으면 보리된장, 콩 누룩을 넣으면 콩된장이 되니 발효의 세계는 참 흥미롭습니다.

겨자 | 辛し 카라시

겨자는 일본 겨자와 서양 겨자로 나눌 수 있습니다. 한국의 오뚜기에서 나오는 겨자 제품이 일본 겨자와 맛이 흡사하며, 톡 쏘는 매운맛을 갖고 있습니다. 서양 겨자는 일반적으로 머스터드라고 불리며, 소시지에 곁들이는 부드러운 매운맛이 특징이에요. 일본에서는 일본 겨자만 담은 제품, 일본 겨자와 서양 겨자가 섞인 제품 외에도 매운맛을 유지하면서 조미료와 다양한 향신료를 배합해 만든 여러 종류의 겨자를 튜브 형태로 판매하고 있습니다. 코가 찡하게 톡 쏘는 매운맛을 원한다면 가루 겨자를 녹여서 사용하길 추천합니다.

HAKKAISAN
八海山
TOKUBETSU JUNMAI
本みりん
マンジョウ
kikkoman
純国産
自家製
本格米焼酎仕込み
みりん
EST. 1882
Maldon
SEA SALT
FLAKES

Appendix

淡口醤油
天然醸造
有機栽培
有機丸大豆
有機小麦
加賀百万石のかくし味
二度仕込
刺身醤油
YAMATO
450ml

純米酢
広島県産米使用
ヤマト
味噌
YAMATO SOYSAUCE & MISO

알면 더 맛있다, 필수 조미료

일본 요리에서 필수 조미료로 꼽히는 소금, 간장, 식초, 설탕, 된장, 미림 그리고 술. 이 일곱 가지 조미료가 일본 요리에서 어떻게 쓰이고 어떤 역할을 하는지 소개한다. 기본 조미료를 제대로 알고 적절히 사용하면 요리의 완성도가 한 단계 높아진다.

① 소금

'소금 간이 음식의 맛을 좌우한다'고 할 정도로 중요한 조미료인 소금. 짠맛을 더할 뿐 아니라 다양한 작용으로 요리를 맛있게 만들어준다. 소금은 알갱이가 클수록 천천히 조금씩 녹아 부드러운 맛을 내고, 알갱이가 작을수록 빠르게 녹아 짠맛이 강하게 느껴진다. 또 플레이크 형태처럼 복잡한 모양의 소금은 맛이 더 깊다. 미네랄이 많이 함유된 소금은 짠맛과 함께 다채로운 감칠맛이 느껴진다.

소금은 제조 방법에 따라 여러 종류로 나뉜다. 염전에서 바닷물을 자연 증발시켜 미네랄이 풍부한 천일염, 바닷물을 화학적으로 여과해 염화나트륨 순도를 높인 정제염, 소금 광산에서 채취한 천연 염화나트륨 결정체인 암염이 가장 대중적이다. 그 외에 바닷물을 끓여 불순물을 제거해 맛이 깔끔한 자염, 천일염을 고온에서 구워 부드러운 맛이 나는 구운 소금, 다른 식품이나 조미료를 첨가한 가공 소금 등이 있다.

소금을 선택할 때 원료나 제조 방법만으로 결정하기는 쉽지 않다. 하지만 원료, 제조 방법과 더불어 성분표에 표기된 미네랄 함량을 확인하고, 알갱이의 크기와 형태, 짠맛과 쓴맛, 감칠맛 정도를 비교하며 자신의 요리와 입맛에 맞는 소금을 찾아보자.

소금의 쓰임

① 짠맛을 낸다.

② 보존성을 높인다. 소금 자체는 살균력이 없지만, 식품 내 수분을 끌어내 미생물의 생존과 번식을 어렵게 한다. 따라서 식품의 보존성이 높아진다.

③ 맛을 응축한다. 절임 요리에 소금을 대량으로 넣는 이유는 짠맛을 내는 것뿐만 아니라 삼투압으로 채소의 수분을 빼내 재료의 맛을 더욱 응축시키기 위해서이다.

④ 냄새를 제거한다. 생선, 고기를 조리하기 전 소금을 뿌리면 특유의 냄새가 옅어진다.

⑤ 육질을 부드럽게 한다. 소금을 뿌리면 수분이 빠져나가면서 소금이 생선살에 퍼져 단백질이 빠르게 응고되고 수축된다. 이로 인해 생선의 육즙이 유지되어 생선살이 촉촉하고 모양도 흐트러지지 않는다.

⑥ 옥살산염 함량을 낮춘다. 시금치나 일부 산나물에 함유된 옥살산염 성분은 소화 장애를 유발하거나 칼슘 흡수율을 낮추고 신장 결석의 원인이 될 수 있다. 시금치를 소금물에 데치면 옥살산염 함량이 절반 이상 줄어 안전하게 섭취할 수 있다. 이때 소금물의 염분 농도는 0.5% 정도가 적당하다.

⑦ 맛을 또렷하게 한다. 조림이나 솥밥 등을 만들 때 이것저것 조미료를 넣어도 맛이 나지 않을 때가 있다. 이때 마지막에 소금을 더해주면 재료의 맛이 또렷해지고 풍미가 살아난다.

⑧ 단맛을 살리거나 신맛을 줄인다. 수박에 소금을 뿌리면 더 달게 느껴지고, 초밥에 소금을 뿌리면 시큼한 신맛이 부드러워진다. 소금은 상반된 맛을 한층 살리거나 억제하는 역할을 한다.

⑨ 변색을 막고 색을 선명하게 한다. 사과를 잘라 소금물에 담그면 소금이 산화 효소의 작용을 막아 변색을 방지한다. 이때 소금물의 염분 농도는 0.5% 정도로 하고 시간은 20~30초, 길어도 5분을 넘기지 않는 것이 좋다.

☞ 이 책의 레시피에서는 국산 신안 천일염과 일본산 카마시오(천일염을 쪄서 말린 소금), 영국 '말돈 소금'을 사용했다.

② 간장

감칠맛과 짠맛, 단맛, 신맛, 쓴맛이 조화롭게 들어 있는 간장. 일본 간장의 80% 이상은 대두와 밀에 누룩 종균을 더해 발효시킨 후 소금물에 6개월에서 1년 이상 숙성시키는 본양조 제조 방식을 따른다. 발효와 숙성 과정에서 단백질이 글루타민산으로 분해되며 간장 특유의 감칠맛이 완성된다. 일본의 간장은 대중적인 진간장인 고이구치 쇼유, 색이 연하고 염도가 높은 우스구치 쇼유, 대두 함량이 높은 타마리 쇼유, 밀 함량이 높아 색이 가장 연하고 단맛이 강한 시로 쇼유, 두 번 양조해 농후한 맛을 내는 사이시코미 쇼유 등 다섯 가지로 구분된다. 각각 염도와 맛이 다르므로 요리에 따라 적절히 구분해 사용하는 것이 좋다.

고이구치 쇼유 — 같은 비율의 대두와 밀을 발효시켜 만든 간장. 일본 간장 생산량의 80% 이상을 차지한다. 짠맛 외에 깊은 감칠맛, 부드러운 단맛, 산뜻한 신맛, 맛을 조화롭게 잡아주는 쓴맛을 갖추고 있어 다양한 요리에 두루 쓸 수 있다. 간토 지방을 중심으로 전국적으로 널리 생산된다.

우스구치 쇼유 — 간사이 지방을 중심으로 생산되는 연한 색의 간장. 같은 비율의 대두와 밀에 소량의 쌀을 더해 만든다. 소금을 많이 넣어 발효와 숙성을 억제하고 양조 기간이 짧아 색이 연하다. 고이구치 쇼유보다 염분이 10% 정도 높아 짠맛을 부드럽게 하기 위해 쌀로 만든 아마자케를 더한다. 맑은 국물이나 조림 요리에 사용하기 좋다. 색이 연해도 소금 함량이 높으니 너무 많이 넣지 않도록 주의한다.

타마리 쇼유 — 밀을 거의 넣지 않고 대두만 넣어 만든 간장. 중부 지방에서 많이 생산되며, 숙성 기간이 가장 길다. 감칠맛이 뛰어나고, 특유의 걸쭉한 질감과 독특한 향이 특징이다. 가열하면 고운 붉은빛과 광택이 나기 때문에 색을 곱게 내고 싶은 구이나 조림, 회, 초밥 간장으로 많이 사용한다.

간장의 쓰임

① 고유의 향과 맛을 낸다.
② 짠맛과 신맛을 부드럽게 해준다. 간장에 포함된 향미 성분, 젖산 등에는 짠맛과 신맛을 완화시키는 성분이 있다. 소금으로 맛을 낸 국에 마무리로 간장을 몇 방울 더하면 맛이 부드러워지고 소금 맛이 살아난다. 식초 요리에도 몇 방울 첨가하면 시큼한 맛이 부드럽게 완화된다.
③ 냄새를 제거한다. 간장은 생선과 고기의 냄새를 제거하는 효과가 있다. 회를 간장에 찍어 먹으면 비린내가 옅어져 더 맛있다.
④ 살균 및 방부 작용을 한다. 간장의 염분은 미생물이 생존, 번식하기 어려운 환경을 조성해 식품의 보존성을 높인다. 이 특성을 이용한 대표적인 요리로 회 절임, 덮밥 등이 있다.
⑤ 윤기를 낸다. 간장을 가열하면 간장 속의 아미노산과 당분이 반응해 예쁘게 윤기가 난다. 이 반응 과정에서 방향 물질도 나와 향이 더해져 구이나 쌀 과자 등에 쓰인다.

☞ 이 책의 레시피에서 간장은 국산 양조간장, 어간장은 국산 어간장을 사용하고, 연한 간장은 일본 '기꼬만 생간장', 우스구치 간장은 일본산 일반적인 우스구치 쇼유를 사용했다.

식초

산미를 더하는 조미료인 식초. 식초를 넣어 새콤한 맛을 더하면 식욕이 증진되어 진한 맛의 요리도 산뜻하고 깔끔하게 즐길 수 있다. 또 식초는 고대부터 약용으로 널리 쓰일 만큼 풍부한 유기산, 비타민, 항균 및 해독 성분을 갖고 있는 건강 식품이기도 하다. 그 외에도 살균, 방부 효과가 있으며 고기와 생선을 부드럽게 해 요리의 밑 손질에서 다양한 능력을 발휘한다.

곡물 식초 — 쌀, 보리, 옥수수, 술지게미 등의 곡물로 양조한 식초. 산뜻한 풍미와 깔끔한 맛이 특징이며 일식, 양식 가리지 않고 다양한 요리에 잘 어울린다. 일본에서 가장 일반적으로 사용하며, 가격이 저렴한 제품이 많아 식재료의 밑 손질에도 부담 없이 쓸 수 있다. 쌀 식초에 비해 산미가 더 강한 편이다.
쌀 식초 — 식초 1000ml당 40g 이상의 쌀을 사용해 제조한 식초. 제품에 따라 알코올이나 다른 곡물을 더하기도 한다. 쌀의 단맛과 풍미로 인해 부드럽고 깊은 맛이 특징이다. 주원료가 쌀이기에 밥과 잘 어울려 초밥에 많이 사용하며, 일본 요리 전반에 두루 잘 어울린다. 산미가 부드러워 초절임, 단촛물, 절임 등 가열하지 않는 요리에도 적합해 다양하게 활용할 수 있다.
순쌀 식초 — 식초 1000ml당 120g 이상의 쌀을 사용해 쌀만으로 발효한 식초. 쌀 식초가 쓰이는 요리에 두루 사용된다. 특히 초밥용으로 많이 쓰이며, 깊고 풍부한 맛이 특징이다.
흑식초 — 식초 1000ml당 180g 이상의 현미 또는 보리를 사용해 제조한 식초. 깊은 맛이 특징으로 다른 곡물 식초보다 산미가 강하지만 가열하면 부드러워진다. 지방을 함유한 재료와 잘 어울려 탕수육 등 고기 요리에 많이 사용되며, 갈색 또는 흑갈색을 띠어 요리에 색을 더할 때도 유용하다. 아미노산이 풍부해 희석해 건강 음료로 마시기도 한다.

식초의 쓰임

① 신맛을 낸다.

② 살균 및 방부 작용을 한다. 식초는 강한 산성으로 미생물을 살균해 식품의 부패와 변질을 방지한다. 고등어 초절임(시메사바)처럼 생선을 식초에 담그거나 피클처럼 채소를 식초에 절여 장기간 보관할 수 있다.

③ 살과 뼈를 부드럽게 한다. 식초의 주성분인 초산은 칼슘을 녹이는 성질이 있어, 생선 조림에 넣으면 뼈가 부드러워져 먹기 좋다. 또한 식초에는 단백질 분해 성분도 있어, 고기 삶는 물에 식초를 몇 방울 떨어뜨리면 고기가 부드러워진다.

④ 비린내를 제거한다. 생선을 씻거나 데칠 때 식초를 조금 넣으면 비린내를 완화할 수 있다.

⑤ 변색을 막고 선명하게 한다. 우엉이나 연근 같은 채소는 자르면 갈변하는데, 식초물에 담그면 갈변을 막을 수 있다. 특히 연근에 있는 플라본계 색소는 식초의 산성으로 한층 하얗게 유지된다. 마찬가지로 양하에 포함된 안토시아닌 색소는 식초의 산성으로 인해 붉은색이 더욱 선명해진다.

☞ 이 책의 레시피에는 주로 쌀 식초를 사용했다.

설탕

천연 조미료로 요리에 단맛을 더하고 조리 과정에서 다양한 작용을 하는 설탕. 설탕은 가공 방법에 따라 당밀을 포함한 함밀당과 당밀을 제거한 분밀당으로 나뉜다. 자당만을 추출, 정제한 분밀당은 당질 외에 비타민, 미네랄 등의 성분은 거의 없다. 반면 비정제 방식인 함밀당은 사탕수수나 사탕무에서 짠 즙을 그대로 졸여 만들어 무기질, 비타민 등이 풍부하다.

상백당 — 분밀당으로 일반 가정에서 가장 많이 사용하는 설탕. 촉촉함을 더하기 위해 비스코라는 전화당을 첨가해 높은 흡습성을 갖는다. 색을 더하지 않고 단맛을 더하고 싶을 때 어떤 요리에나 두루 사용할 수 있다. 흡습성을 살려 촉촉한 카스텔라 등 과자류를 만드는 데에도 좋다.
그래뉴당 — 분밀당으로 상백당보다 순도가 높고 수분이 적어 보슬보슬하다. 깔끔하고 담백한 단맛이 특징이며, 순수한 단맛만 더해 재료의 풍미나 향을 고스란히 살리고 싶을 때 쓰기 좋다. 주로 제과 제빵에 많이 사용된다.
삼온당 — 분밀당으로 정제한 설탕에 캐러멜을 더하거나 정제당에 당밀을 첨가, 가열해 만든다. 가열로 인해 단맛이 강해지고 캐러멜 향과 색 등 독특한 풍미를 지닌다. 진한 감칠맛과 색을 내고 싶은 조림 등의 요리에 적합하다. 한국의 황설탕, 흑설탕과 제조 방식이 동일하다.
흑설탕 — 함밀당으로 당밀을 분리, 정제하지 않고 사탕수수나 사탕무에서 짠 즙을 그대로 졸여 만든다. 당밀이 많이 함유되어 빛깔이 검고, 당도는 낮지만 강한 단맛이 느껴진다. 당밀 특유의 독특한 향이 있다.

설탕의 쓰임

① 단맛을 낸다.

② 육질을 부드럽게 한다. 고기를 굽기 전, 설탕이 들어간 양념에 재우면 설탕이 고기 조직 사이에 스며들어 수분을 끌어내고, 콜라겐과 결합해 고기를 부드럽게 한다. 푸석해지기 쉬운 닭가슴살이나 카르파초, 생선회에도 효과적이다.

③ 보존성을 높인다. 소금과 마찬가지로 설탕은 식품 내 수분을 끌어내 미생물이 생존, 번식하기 어려운 환경을 만들어 식품의 보존성을 높인다. 오래 두고 먹는 잼이나 정월 요리 등에 설탕을 많이 넣는 이유가 바로 이 때문이다.

④ 걸쭉하게 만든다. 잼을 만들 때 설탕을 넣으면 과일의 펙틴 성분이 설탕의 삼투압 효과로 배출되고 당분, 산과 함께 작용해 젤 상태가 된다.

⑤ 향과 맛을 끌어낸다. 과실주를 만들 때 과일을 설탕에 재우면 삼투압 작용으로 과즙이 배출된다. 과일의 향과 맛을 진하게 끌어내고 싶을 때는 천천히 녹는 코오리사토우(덩어리 설탕)를 사용하면 좋다.

⑥ 감칠맛을 낸다. 조림에 깊은 감칠맛을 더할 때는 설탕이 필수. 특히 캐러멜 성분이 함유된 삼온당이나 자라메(굵은 황설탕), 당밀의 진한 맛을 가진 흑설탕 사용을 추천한다.

☞ 이 책의 레시피에서는 주로 비정제 방식 함밀당인 머스코바도 설탕을 사용했다.

⑤ 된장

일본 된장 '미소'의 주원료는 대두와 누룩. 누룩은 쌀, 보리, 콩을 찐 후 누룩곰팡이를 붙여 배양한다. 누룩 종류에 따라 쌀누룩을 쓴 코메 미소(쌀된장), 보리누룩을 쓴 무기 미소(보리된장), 콩 누룩을 쓴 마메 미소(콩된장)로 분류된다. 또 두 종류의 미소를 혼합하거나 여러 종류의 누룩을 동시에 써서 만든 쵸우고우 미소(배합 된장), 아카 미소와 시로 미소를 섞은 아와세 미소(혼합 된장)도 있다. 일반적으로 코메 미소가 많이 쓰인다.

미소는 숙성 기간에 따라 색이 달라져 아카 미소, 탄쇼쿠 미소, 시로 미소로 나뉘며, 숙성 기간에 따라 짠맛과 단맛, 향의 차이가 매우 크다. 일본인들은 일반적으로 여름에는 아카 미소, 겨울에는 시로 미소, 봄과 가을에는 아와세 미소를 넣은 미소시루를 즐긴다.

아카 미소 — 센다이 미소, 에치고 미소, 카가 미소 등 단맛이 적고 강한 짠맛과 깊은 향이 특징이다. 미소 풍미를 살리고 싶은 조림 요리에 잘 어울린다. 미소시루에는 미소의 맛을 부드럽게 해주는 두부나 조개류, 파 같은 향신 채소를 더하거나 진한 미소 맛에 어울리는 육류를 더하면 좋다.

탄쇼쿠 미소 — 흰색과 붉은색의 중간인 담색 미소로, 다양한 요리에 사용하기 편리하다. 단맛과 짠맛이 조화를 이룬다.

시로 미소 — 일본 미소 중 가장 연한 색으로, 염분이 적고 단맛이 난다. 교토에서 생산되는 사이쿄 미소가 대표적이며, 단맛을 살리고 싶은 초절임이나 재료에 양념을 발라 굽는 요리 등에 잘 어울린다. 담백한 토란이나 서더리를 넣어 미소시루를 끓이면 맛있다.

핫초 미소 — 아이치현 나고야에서 생산되는 전통 미소. 높이가 2미터인 큰 나무통에 대두와 소금을 넣고 3톤 바위를 누름돌로 쌓아 2년 이상 발효시키는 천연 제조 방식을 고수한다. 대두의 감칠맛이 응축된 진한 맛, 약간의 산미, 떫은맛이 느껴지는 독특한 풍미가 특징이다.

된장의 쓰임

① 고유의 향과 맛을 낸다.

② 잡냄새를 제거한다. 재료의 잡냄새를 제거하기 위해서는 요리 시작 단계에서 된장을 넣고 푹 끓이는 것이 효과적이다.

③ 감칠맛과 풍미를 더한다. 발효 식품 특유의 감칠맛과 풍미는 요리를 더 맛있게 해준다. 특히 향이 강한 아카 미소를 사용하면 더욱 효과적이다. 요리 마지막 단계에서 미소를 넣고 불을 끄면 향을 잘 살릴 수 있다.

☞ 이 책의 레시피에서는 시로 미소는 사이쿄 미소를, 아카 미소는 핫초 미소를, 미소는 사이쿄 미소나 핫초 미소 이외의 코우지 미소(쌀누룩 미소)를 사용했다.

미림

요리에 단맛을 더하는 조미료. 전통적으로는 소주에 찐 찹쌀과 누룩을 넣어 발효시켜 만든, 단맛이 나는 술을 일컫는다. 하지만 요즘에는 알코올이 함유되지 않은 제품도 있고, 대량 생산 제품부터 전통 방식으로 만든 고급품까지 종류와 용도가 무척 다양하다. 가급적이면 발효 과정에서 생성된 각종 당류, 아미노산, 유기산 성분이 은은한 단맛을 내는 혼미림을 사용하는 것이 좋다.

혼미림 — 알코올 도수 12.5~14.5%. 찹쌀과 쌀누룩을 소주나 양조용 알코올에 넣어 오랜 시간 발효 및 숙성시켜 만든다. 알코올 도수가 높기 때문에 주류세가 붙어 가격이 높다. 부드럽고 깊은 단맛과 다양한 아미노산이 만들어내는 감칠맛이 특징이다.
미림풍 조미료 — 알코올 도수 1% 미만. 물엿에 조미료나 산미료 등을 섞어 미림과 비슷하게 만든다. 주류로 분류되지 않아 저렴하다. 혼미림보다 당분이 많아 단맛이 강한 것이 특징.
미림 스타일의 발효 조미료 — 알코올 도수 8~15%. 잡곡을 발효시켜 양조용 알코올과 소금을 더해 만든다. 혼미림처럼 알코올이 함유되어 있지만, 소금을 더해 음용할 수 없으므로 주류세가 붙지 않아 저렴하다. 조리 시 짠맛을 잘 조절해야 한다.

미림의 쓰임

① 고급스러운 단맛을 더한다. 설탕과는 다른 깊은 단맛을 원할 때 사용하면 좋다. 설탕의 단맛이 직접적이라면, 미림의 단맛은 포근하고 부드럽다. 특히 장기간 숙성된 혼미림은 요리에 넣었을 때 한층 은은하고 향긋한 단맛을 낸다.

② 윤기와 광택을 더한다. 요리 마지막 단계에 넣으면 미림의 당이 식재료 표면에 막을 형성해 윤기와 광택이 난다. 미림에 함유된 각종 당이 만들어내는 효과로, 설탕만으로는 대체할 수 없다. 특히 데리야키에는 마지막에 넣어 윤기를 살리는 것이 좋다.

③ 감칠맛을 살린다. 미림에 함유된 아미노산의 감칠맛 성분이 요리에 풍미를 더해준다.

④ 맛이 잘 스며들게 한다. 미림에는 알코올 성분이 있어 식재료에 빠르게 스며들고, 다른 조미료도 재료에 잘 스며들게 한다. 요리 초기에 넣으면 알코올 작용이 가장 활발하다.
⑤ 고기나 생선의 냄새를 제거한다. 요리 첫 단계에 넣으면 알코올이 증발하면서 고기와 생선 속 냄새 성분을 함께 날려보내 비린내가 잘 제거된다.
⑥ 재료가 뭉개지지 않게 한다. 재료를 삶을 때 첨가하면 알코올 성분이 모양이 흐트러지거나 부서지는 것을 막아준다. 요리 초기에 넣었을 때 효과적이다.

☞ 이 책의 레시피에서는 혼미림을 사용했다.

술

술은 맛있는 일본 요리의 숨은 공신이다. 요리에 술을 넣으면 알코올이 분해되며 향 분자를 내뿜어 맛에 깊이를 더한다. 또한 당에서 나오는 달콤한 맛, 산에서 나오는 예리한 맛, 아미노산에서 나오는 짭짤한 맛이 어우러져 요리에 한층 입체감을 준다. 청주에 감미료와 기타 조미료, 소금 등이 더해진 요리주는 맛의 밸런스를 무너뜨릴 수 있으니, 가능하면 가격이 합리적인 청주(사케)를 골라 사용하자.

청주 — 백미에 쌀누룩, 물, 효모 등을 더해 발효시킨 술. 음용을 위해 빚지만 요리에도 사용할 수 있다. 오히려 저렴한 청주에 함유된 감미료가 요리에 뜻밖의 풍미를 더해주는 경우도 있다. 먹고 남은 청주는 버리지 말고 꼭 요리에 활용해 보자.
요리주 — 청주에 2~3%의 소금이나 산미료, 감미료를 더한 것. 소금이 들어가 음용할 수 없으므로, 주류세가 붙지 않아 청주보다 저렴하다. 상품 원재료명에 적힌 소금 함량을 확인하고, 조리 시 짠맛을 조절해야 한다. 요리 용도에 맞춰 다양한 첨가물을 더해 청주보다 조리 효과를 높이는 요리주도 있다.

요리용 술의 쓰임

① 맛이 잘 스며들게 한다. 요리용 술은 알코올 성분이 있어 식재료에 빠르게 스며들고, 다른 조미료도 재료에 잘 흡수되도록 돕는다. 요리 초기에 넣으면 알코올 작용이 가장 활발해진다.
② 고기나 생선의 냄새를 제거한다. 요리 첫 단계에 술을 넣으면 알코올과 함께 고기와 생선의 잡내가 증발된다. 또 알코올이 분해되면서 재료에 풍부한 향을 더해준다.
③ 고기를 부드럽게 한다. 고기 요리를 할 때 첫 단계에서 술에 재우거나 술을 넣어 조물거린 후 구우면 연육 작용으로 인해 육질이 부드러워진다.
④ 감칠맛을 낸다. 감미료가 많이 함유된 저렴한 청주나 요리주의 경우, 요리에 감칠맛과 깊은 맛을 더하기도 한다. 스키야키 육수를 물 대신 술로 만들면 스키야키 맛이 더 진하고 깊어진다.

☞ 이 책의 레시피에서는 양조 알코올을 넣어 만드는 혼죠조 타입의 사케를 사용했다.

Epilogue

날이면 날마다, 어디에 있든 무엇을 하든 머릿속에는 온통 요리와 음식 생각뿐입니다. 지하철이나 버스에 앉아 혼자 멍하니 있을 때도, 누군가와 수다를 떨고 있을 때도 문득 생각나는 요리. 복잡하거나 어려운 요리를 어떻게 해낼까, 하는 고민이 아닙니다. 내 안에서 샘처럼 솟아나는 요리들. 재료의 색과 향을 떠올리고, 물에 담그고, 불에 달구어지고, 증기에 휩싸이는 모습을 상상해 봅니다. 맛은 당연히 맛있을 거예요. 혹시 맛이 없다면 다시 생각해서 만들면 되니 문제없고요. 이렇게 혼자 이러쿵저러쿵 의견을 나누는 그 시간이 정말 즐겁습니다.

이런 과정을 거쳐 다시 요리해 보고, 머릿속에 기억해 두거나 레시피 파일에 적어두는 작업을 계속하면 요리 교실의 수업 레시피가 됩니다. 요리에 필요한 재료를 골라 수강생들과 함께 요리를 만들고, 사진을 찍고, 다 같이 맛을 나누며, '어떻게 하면 더 맛있을까' 요리 토론으로 꽃을 피우고, 다시 레시피를 수정합니다. 그런 생활을 15년 이상 이어왔지만 책 속에는 한순간의 반짝이는 '맛'만을 담고 싶었습니다. 그래야 책을 펼친 분 손에서 생생한 요리로 다시 태어날 테니까요.

요리는 어떤 의미에서 끝이 없습니다. 눈앞에서 사라지는 순간에도 사람의 기억 속에서는 계속 살아 숨 쉬기 때문입니다. 살다 보면 먹었던 요리의 대부분은 흐릿해지거나 잊어버릴지 모르지만 그중에서도 어떤 요리는 확실한 존재감으로, 또 아련한 행복의 기억으로 마음과 혀에 남아 있을 것입니다.

읽는 사람의 마음을 움직이고 기억에 새겨지는 요리가 탄생하기를 바라는 마음으로, 앞으로도 평생 'Hideko's Table'을 써 나가려 합니다. 이 책을 손에 들어주시고 끝까지 읽어주셔서 진심으로 감사합니다.

2025년 1월

나카가와 히데코

Hideko's Favorite Stores

식자재

대림축산 | 육류
서울 마장축산물시장 내 해동상가 1층 |
02-2293-4695

다전수산 | 어패류
서울 노량진수산물도매시장 1층 패류 36호 |
010-8955-1136
인스타그램 @dajeonsusan

당진수산 | 횟감
서울 노량진수산물도매시장 1층 활어 45호,
46호 | 010-9905-5635
smartstore.naver.com/tpirates

생선파는 며느리 | 가공 생선
부산 해운대구 반여동 | 010-2862-9919
m.smartstore.naver.com/bogeun9919
인스타그램 @fish_table1979

보타닉 남도 | 허브, 토종 작물
전남 구례군 용방면 | 010-6452-8097
인스타그램 @botanic_namdo

베짱이농부 | 샐러드 채소, 허브
경기 양평군 강상면 | 010-2298-6799
인스타그램 @jeomryeol

수향매실농원 | 매실
전남 광양시 옥룡면 | 061-761-2600
www.redmaesil.com
smartstore.naver.com/redmaesil

디제이팜 | 쌀
경기 포천시 영북면
smartstore.naver.com/djfarmkr
인스타그램 @ayumi_djfarm

카리테 | 쌀누룩 소금, 미소
경기 의왕시 삼동 | 010-3160-9772
smartstore.naver.com/karitemiso
인스타그램 @karitemiso

누룩팜 | 쌀누룩 가공 식품
수원 영통구 원천동 | 010-2509-5677
smartstore.naver.com/nurukfarm
인스타그램 @nurukfarm

한살림 연희매장 | 유기농 식자재
서울 서대문구 연희동 | 02-305-5900
www.hansalim.or.kr

사러가 | 각종 식자재
서울 서대문구 연희동 | 02-334-2428
saruga.com

지자케씨와이코리아 | 사케
경기 광주시 목동 | 070-7770-1777
blog.naver.com/jizakekorea
인스타그램 @jizakekorea

조리 및 생활용품, 공예품

호프인터내셔널 | 조리 및 생활용품
서울 서초구 양재천로 147-4 2층 메종플레장 |
070-4160-0011
www.hopelife.co.kr
인스타그램 @maisonplaisant

여가생활 | 조리 및 생활용품
서울 강남구 신사동 | 0502-533-3344
smartstore.naver.com/yougaliving
인스타그램 @yougaliving

키친툴 | 조리 및 생활용품
대구 남구 대명동 | 053-625-0385
www.kitchen-tool.co.kr
인스타그램 @kitchen_tool

헤슬바흐 | 조리용품
서울 강남구 논현동 | 02-3448-0294
hesslebach.kr
인스타그램 @hesslebach

티더블유엘 | 생활용품 및 공예품
서울 용산구 이태원동 | 02-797-0151
www.twl-shop.com

소일베이커 | 도자기 및 생활용품
서울 강남구 신사동 | 02-537-0808
www.soilbaker.kr

오자크래프트 | 도자기 및 공예품
서울 마포구 연남동 | 070-7788-7232
www.ojacraft.com

무아크래프트 | 도자기
경기 성남시 수정구 복정동 | 0507-1365-3538
moicraft.kr

모와니 유리공예 스튜디오 | 유리 공예품
서울 성동구 행당동
www.mowanistudio.com
인스타그램 @mowani.glass

김남희 크라프트 | 도자기
경기 이천시 신둔면
인스타그램 @namhee_kim_ceramist

로우 크래프트 | 도자기
인스타그램 @raw_crafts

작가 안정윤 | 도자기
경남 합천군 가회면
인스타그램 @jungyoon_an

이헌정 스튜디오 | 도자기
경기 양평군 강하면
www.hunchunglee.com
인스타그램 @leehunchung_studio

히데코의 일본 요리

1판 1쇄 발행	2025년 1월 20일
1판 2쇄 발행	2025년 4월 28일
지은이	나카가와 히데코
펴낸이	박병진
편집	김소은(에디터블)
일본어 번역	김다미
원고 도움	하상옥
교정 교열	조진숙
사진	박재현, 신종오, 박준우, 김은송, 금지은, 임소희(그리드 스튜디오)
디자인	워크뷰로
요리	박진숙, 박인혜, 하상옥, 정윤희
푸드 스타일링	우지혜, 박지훈(식꾸 @seekgout)
인쇄 제책	혜윰나래
펴낸 곳	북스 레브쿠헨
출판 등록	서대문구 2023-000092
주소	서울시 서대문구 연희로 11자길 9
이메일	books_lebkuchen@naver.com
홈페이지	bookslebkuchen.com
인스타그램	@hideko_nakagawa @bookslebkuchen

이 책은 저작권법으로 보호받는 저작물이므로 무단 전재와 복제를 금지하며, 이 책의 내용 전부 또는 일부를 이용하려면 반드시 저작권자와 북스 레브쿠헨의 서면 동의를 받아야 합니다.

Copyright © BOOKS LEBKUCHEN, 2025

ISBN 979-11-985593-0-2 13590
값 36,000원

북스 레브쿠헨은 음식, 술, 여행 그리고 그에 얽힌 소중한 이야기를
글로 엮어내는 라이프스타일 전문 출판사입니다.